北京养源斋
结构检测与保护研究

张　涛　著

學苑出版社

图书在版编目（CIP）数据

北京养源斋结构检测与保护研究 / 张涛著 . — 北京 ：学苑出版社，2020.10

ISBN 978-7-5077-5641-8

Ⅰ. ①北…　Ⅱ. ①张…　Ⅲ. ①宫殿—古建筑—建筑结构—检测—北京—清代②宫殿—古建筑—保护—研究—北京—清代　Ⅳ. ① TU-092.49

中国版本图书馆 CIP 数据核字（2020）第 174050 号

责任编辑：周　鼎　魏　桦
出版发行：学苑出版社
社　　址：北京市丰台区南方庄 2 号院 1 号楼
邮政编码：100079
网　　址：www.book001.com
电子信箱：xueyuanpress@163.com
联系电话：010-67601101（营销部）、010-67603091（总编室）
印 刷 厂：英格拉姆印刷(固安)有限公司
开本尺寸：889 × 1194　1/16
印　　张：9.5
字　　数：135 千字
版　　次：2020 年 11 月第 1 版
印　　次：2020 年 11 月第 1 次印刷
定　　价：300.00 元

编著委员会

主　编： 张　涛

副主编： 杜德杰　夏艳臣

编　委： 姜　玲　胡　睿　王丹艺　付永峰　张　瑞
刘　恒　蔡新雨

目录

第一章 养源斋概况

1. 历史沿革

养源斋坐落在北京市海淀区玉渊潭东侧钓鱼台国宾馆内。

辽代曾是萧太后运粮河边园林之一，时为耶律隆绪当太子时读书之所。金代章宗皇帝曾在这里建台垂钓，于是后世就有了“皇帝的钓鱼台”之称。金代海陵王时建有同乐园行宫，园内西北隅有瑶光殿。金代末年，著名隐士王郁曾在此隐居并垂钓于此。

元代初年，丁氏建玉渊亭，始有玉渊潭之称。之后，宰相廉希宪在这里修建别墅“万柳堂”，成为盛极一时的游览胜地。明初，这里曾经为太监居住之所，后亦为皇亲国戚的住处。万历年间武清侯李伟于此建有别墅。后来，太监冯保也在此地占房屋百间。明朝末年，由于战事不断，钓鱼台一带成为一片废墟。

清初，有图裕轩学士鞳布，建“野圃”在阜成门外钓鱼台。清乾隆二十八年（1763 年），乾隆皇帝命人引香山之水将金代鱼藻池疏浚成湖，通至阜成门外护城河，此湖即为后来的玉渊潭。清乾隆三十八年（1773 年）于旧址建行宫，赐名养源斋。并引香山水至此，将浅水池变为湖泊，次年在湖边建城门式钓鱼台、望海楼、养源斋、潇碧轩等，为皇家的游乐场所；石台西门上方横额镌刻乾隆帝御笔题书的“钓鱼台”三字。行宫建成后成为以后历代帝后自圆明园（见圆明园遗址）至祭天坛中驻跸之所。道光年间钓鱼台败落，但“养源斋”依旧为御苑禁地之一。光绪年间光绪帝曾下旨修缮行宫。光绪六年（1880 年），张之洞游览钓鱼台，并写下：“此在朝廷为闲废之所，何不以赐小臣乎？”的戏言

辛亥革命后，（约为 1920 年）溥仪将“养源斋”作为私产赐予其老师陈宝琛和英国人庄士敦，而养源斋则归为己有。陈宝琛重修了钓鱼台，并邀集了胜朝俊侣同游，

饮酒赋诗。他的同乡周愈在1927年曾绘有《陈太傅钓鱼赐庄图咏册》。民国期间，这个地方因为没有人管理，钓鱼台和玉渊潭越发破烂不堪，到处是残墙断壁，园中杂草丛生，十分荒凉凄楚。1924年5月，鲁迅先生曾两度出阜成门骑驴来钓鱼台游览。1929年1月下旬，北平大学农学院自行接收钓鱼台改为教职员宿舍。钓鱼台内养源斋被充作林学系林产品的陈列室。1932年，《北平市自治区坊所属街巷村里名称录》中始有："东钓鱼台""西钓鱼台"之称。1949年，钓鱼台养源斋被作为溥仪的消夏避暑之地。

1958年，为隆重庆祝中华人民共和国建国十周年并接待应邀来华参加国庆的一些国家的元首和政府首脑，国家决定以古钓鱼台风景区为址，责成外交部具体组织、筹划，营建国宾馆，并以其地为名，定名为钓鱼台国宾馆。1959年"十一"前夕，应邀参加新中国成立十周年大庆的各国政要们，陆续住进了钓鱼台国宾馆。1966年，彭真（时任"文化革命五人小组"组长）曾在这里组织写作班子起草《二月提纲》。"文革"时，这里成为"中央文革小组"的办公地点。1972年2月，美国总统尼克松来华进行历史性的"破冰之旅"，他同毛泽东主席、周恩来总理进行了会谈，下榻之处便是钓鱼台18号楼。1974年10月29日，陈永贵从京西宾馆搬到了钓鱼台8号楼。1979年前，钓鱼台国宾馆平均每年接待40多个外国代表团。

1982年，政府拨款对古钓鱼台皇帝行宫进行了重修，基本上保留了清代乾隆行宫的原貌。1984年钓鱼台与养源斋被公布为北京市重点文物保护单位。

1987年被公布为划定保护范围及建设控制地带，保护范围为钓鱼台东、南、西、北各至距台墙基20米，养源斋以岛为界。

该建筑面积约800平方米，园内正殿为养源斋，坐北朝南，五楹歇山顶，为钓鱼台国宾馆内现存的主要建筑之一，1991年在正殿西侧加建西耳房及西配房。

2. 建筑形制

养源斋为台上一座歇山顶建筑。

建筑形制：

主体建筑钓鱼台紧靠玉渊潭东岸，是一座砖石结构城台，青灰砖砌，坐东朝西，面临湖水，西门楣上镌刻"钓鱼台"三字为清高宗乾隆手书。东面三门，钓鱼台中心

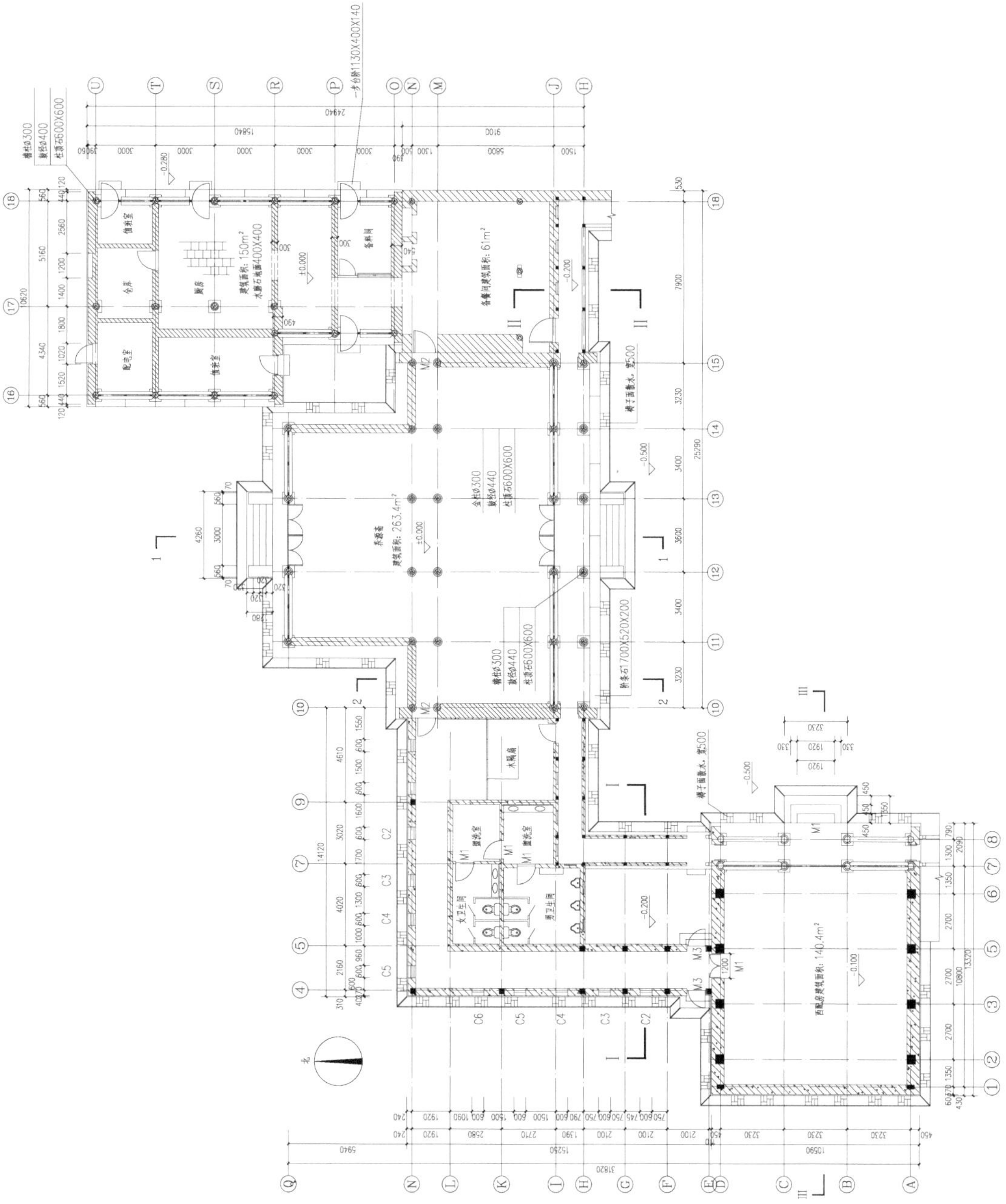

养源斋院落平面测绘图

为一天井，从旁门石阶可拾级而上，台上有雉垛。登台西瞭，一滩湖水碧波涟漪。距此东行不远为行宫所在，斋亭轩台各具特色。台上建有歇山仿古建筑，面阔三间，进深两间，有正吻、垂兽、戗兽、五小兽，前出抱厦，副阶周匝。明间隔扇装修，次间为槛窗。

正殿名为“养源斋”，其门前有两座小巧玲珑的白色石拱桥，为金代古钓鱼台遗物。桥下流水淙淙，迎水面桥墩处筑成尖状，以防春寒时河水中的冰块对桥墩的破坏，与金代北京著名的石拱桥卢沟桥相同。过桥有垂花门，入门即见一小巧淡雅院落，院内古树参天，一泓清泉溢出，而得名“养源”。养源斋正殿面阔五间，坐北朝南，五檩歇山顶，元宝脊，筒瓦屋面，带前廊，明间四扇隔扇，次、稍间为槛窗。卧匾白底黑字“养源斋”。其南面叠石为山，小巧玲珑，假山两侧分别有小亭、回廊。

出养源斋稍向东北，树木掩映之中，有前出抱厦的敞厅三间，为潇碧轩。厅前一池，池壁嶙峋，池水逶迤宁静，乃历代帝王垂钓之所。西面小山最高处建有澄漪亭和望海楼。

养源斋正殿

养源斋垂花门

养源斋正殿室内

3. 建筑价值

3.1 历史价值

养源斋历辽、金、元、明、清各朝皇室建设，作为皇家园林之一，体现了其发展演变的历史过程，是研究都城皇家园林的重要实例。

养源斋留有多位历史人物的活动足迹。辽代太子耶律隆绪读书之所，元代宰相廉希宪在这里修建别墅“万柳堂”，乾隆皇帝命人引香山之水将金代鱼藻池疏浚成湖（玉渊潭）等，张之洞、鲁迅也都曾到此游览；解放后，此地作为国宾馆，更有多位新中国国家领导人及世界政要下榻在此。

养源斋历史悠久，历经金、元、明、清、民国，直至新中国，见证了众多重大历史事件的发生，是这些历史事件的重要实证。

养源斋作为新中国国宾馆的重要组成部分，已经成为国人心目中国宾馆的重要特征，具有重要的象征意义和社会认同。

3.2 艺术价值

养源斋依水而建，建筑尺度亲切宜人，古树山石自然和谐，具有高超的建筑和园林艺术价值。钓鱼台虽经修缮，但造型宏伟壮观，气势不凡具有极高的建筑艺术价值。

钓鱼台与养源斋坐落于湖光树色之中，景致优美，体现了高超的园林艺术手法，具有极高的景观艺术价值。

钓鱼台与养源斋内的匾额、题字、楹联、家具、陈设等均代表了明清时期的工艺和艺术水平，具有较高艺术价值。

3.3 科学价值

养源斋反映了清代的建筑技术水平和造园成就，有一定的科学研究价值。

养源斋的规划设计，是传统皇家园林建筑的重要实例，对研究传统皇家园林造园手法具有重要价值。

第二章　检测鉴定方案

近年来，养源斋建筑多处发生歪闪、变形，墙体多处发生鼓闪、开裂。针对上述这些情况，有必要尽快采用科技手段查明结构及构造，探明结构损伤程度及成因，评估鉴定结构安全性，为钓鱼台国宾馆部分建筑的保护修缮及安全使用提供科学依据及有力支撑，以保障建筑及使用的安全。

此次养源斋部分建筑拟进行结构安全性检测的项目共 4 项，检测总面积约 653.04 平方米（一号房建筑面积 83.1 平方米；二号房建筑面积 242 平方米；三号房建筑面积 185.5 平方米；四号房建筑面积 142.44 平方米）。

此次检测将全面检查结构的承载状况，及时发现结构安全隐患，评估结构的安全性。

1. 安全检测及鉴定标准

与鉴定现代建筑不同，鉴定古建筑现无一套现成的体系和技术，须根据建筑的实际情况，结合现有结构鉴定技术，制定具体的方法。

此次鉴定主要按照国家现行规范《古建木结构维护与加固技术规范》（GB50165—92）的结构可靠性标准和相应方法进行。参照执行的相关现行规范有：《民用建筑可靠性鉴定标准》（GB50292—1999）；《建筑结构检测技术标准》（GB/T50344—2004）；《古建筑防工业振动技术规范》（GB/T50452—2008）。

由于这些规范中有关古建筑的内容还不完善或不具体，实施时还须结合现场情况，进行大量的试验和分析研究。

建筑结构的安全性鉴定主要目的为：

（1）危险性鉴定：及时地发现结构危险状况，防止结构突然垮塌；

（2）可靠性鉴定：查明结构的承载状况和安全隐患，评估结构的使用性和安全性。为建筑结构的保护设计提供技术依据。

2. 检测及鉴定程序和内容

结构安全鉴定基本程序：确定鉴定标准，明确鉴定的内容和范围；资料调研，收集分析原始资料；现场勘查，检测结构现状和残损部位；分析研究，评估结构承载能力；鉴定评级，对调查、检测和验算结果进行分析评估，确定结构的安全等级。

现场勘查时，我们可根据需要采用以下常规的或先进的检测技术。

（1）检查材料强度

1）回弹法：回弹仪，非破损检测混凝土、黏土烧结砖和砌筑灰浆的强度。

2）贯入法：贯入仪，非破损检测砌筑灰浆的强度。

3）超声波探伤：超声仪，非破损检测混凝土、石材、木材内部缺陷和裂缝深度。

4）实验室材性检测：木、混凝土、石和钢等建材样品的力学性能检测。

（2）探查缺陷

1）雷达探伤：探地雷达，非破损检测混凝土和砌体结构深部缺陷，探测地下结构部位。

2）内窥镜：内窥镜，通过结构或材料孔隙，探查隐蔽部位情况。

3）木构件安全无（微）损检测：使用应力波三维成像仪和木构微钻阻力仪，对重要的木构件进行安全无（微）损检测。

（3）现场检测

1）高精度全方位测量：全站仪直接或间接全方位测量结构的几何尺寸，还可测量结构的倾斜、变位和构件挠度。

2）高精度自动扫平：自动扫平仪，在高空中测量结构各部位的水平或垂直度，以及构件的倾斜、变位和构件挠度。

3）脉动测试法：频谱数据采集仪，检测结构的动力特性，自振频率和振幅。

（4）实验室模拟试验

模拟试验：动、静力加载检验模拟构件、结点或结构的承载能力。

对于结构承载力验算，可依据现行有关设计规范进行。复杂结构可采用 SAP 或

ANSYS 等高精度有限元程序进行受力分析。

3. 检测及鉴定项目明细

按照鉴定标准、程序及内容，结合各单项的结构类型及保存现状，初步确定检测鉴定项目及基本工作内容如下：

（1）常规工程检测鉴定

（2）结构勘察测绘

（3）脉动法测量结构振动性能

（4）雷达、红外、超声探测结构内部构造

（5）建筑木构件安全无（微）损检测

（6）建筑补测

（7）辅助用工及临时设施

第三章　一号房（东耳房）结构安全检测鉴定

1. 建筑概况

1.1 建筑简况

一号房总面积约 211 平方米，共包含 3 栋房屋，分别为南房（1/16-18-H-O 轴区域）、东房（17-18-O-U 轴区域）以及西房（16-17-R-U 轴区域），均为硬山建筑，南侧有廊。

1.2 现状立面照片

一号房南立面

一号房北立面

一号房东立面

一号房西立面

2. 建筑测绘图纸

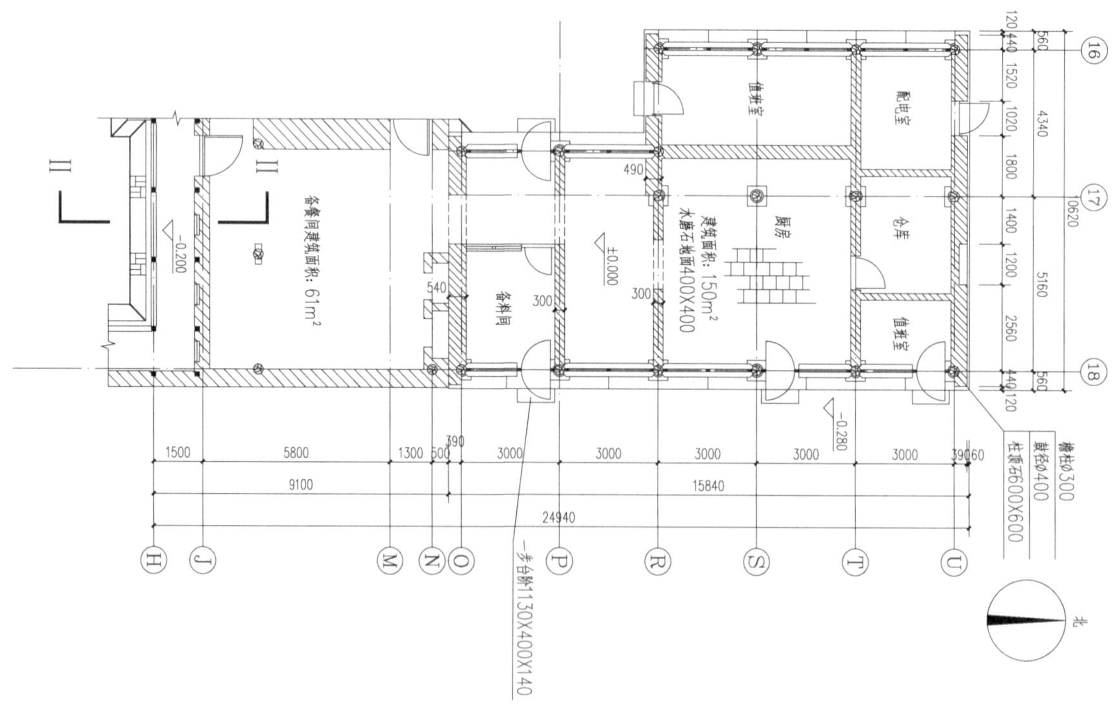

一号房平面测绘图

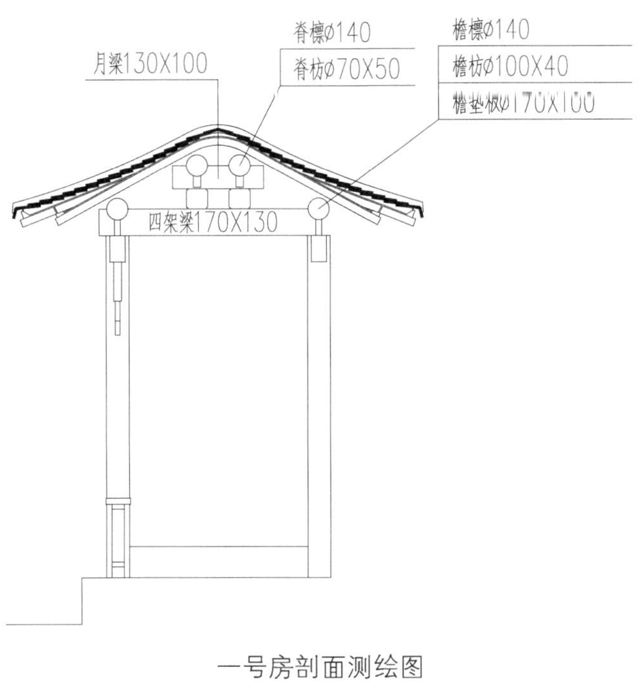

一号房剖面测绘图

3. 地基基础雷达探查

采用地质雷达对结构地基基础进行探查。雷达天线频率为300兆赫，雷达扫描路线示意图、结构详细测试结果如下：

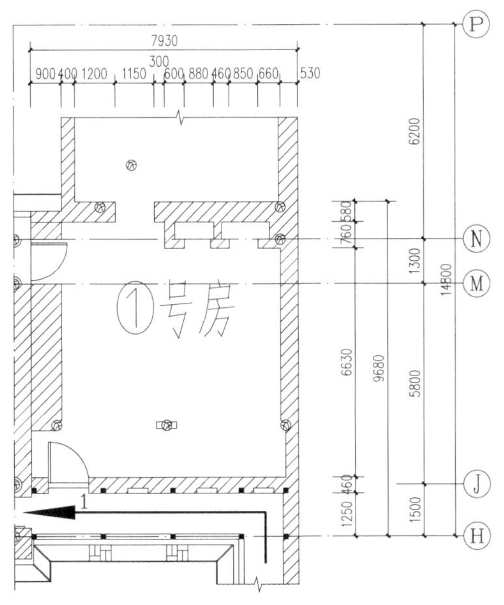

雷达扫描路线示意图

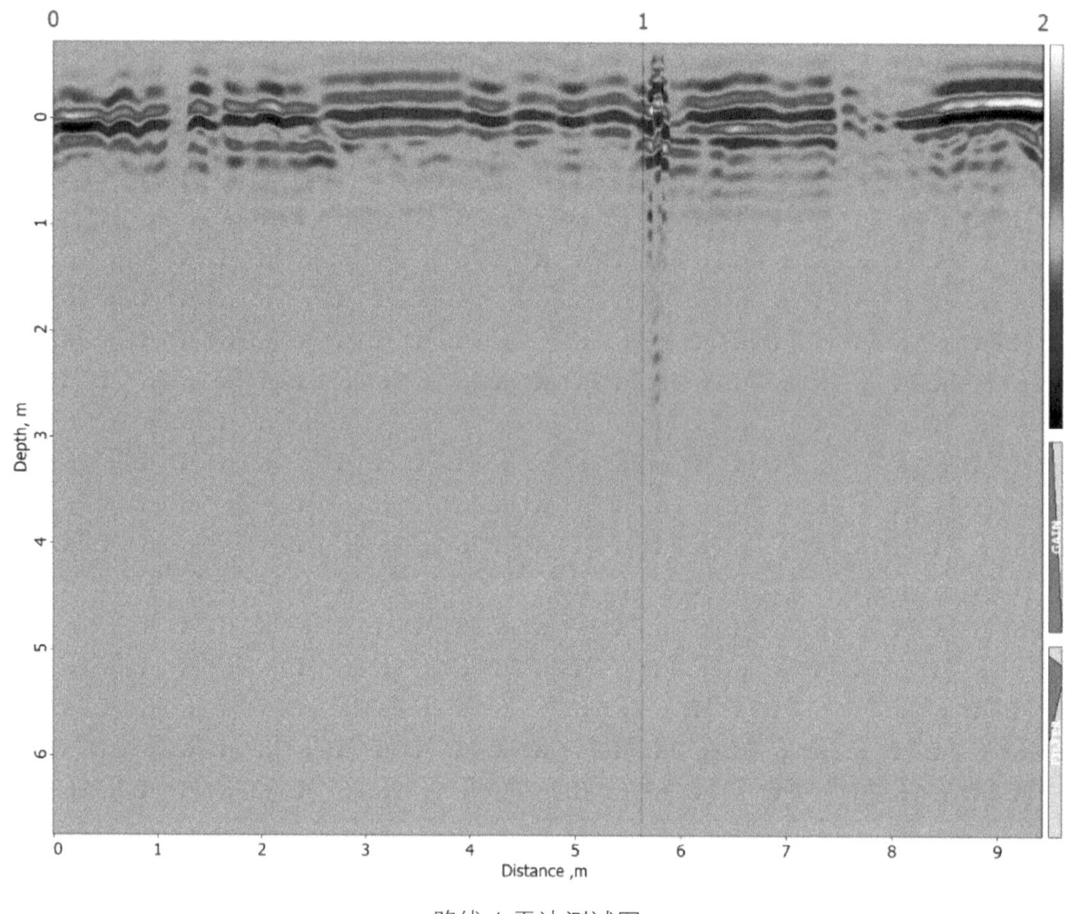

路线 1 雷达测试图

由雷达测试结果可见，台基上部不够均匀，台基下方地基雷达反射波基本平直连续，没有明显空洞等缺陷。

由于地面无法开挖与雷达图像进行比对，解释结果仅作为参考。

4. 结构外观质量检查

4.1 地基基础

经现场检查，一号房台基阶条石存在风化剥落的现象，台基未见其他明显损坏，上部结构未见因地基不均匀沉降而导致的明显裂缝和变形，建筑的地基基础承载状况基本良好，台基现状如下图：

一号房南侧台基

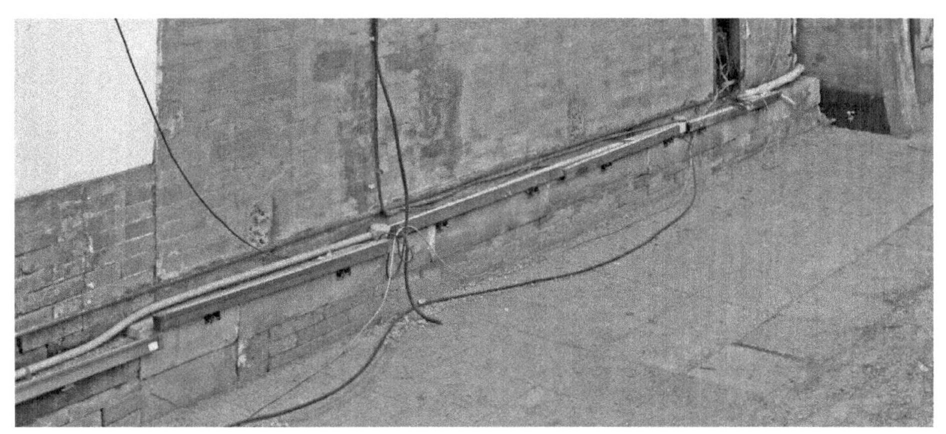

一号房东侧台基

4.2 围护结构

经现场检查，墙体基本完好，没有明显的开裂和鼓闪变形，现状如下图：

一号房南侧外墙

一号房东侧外墙

一号房北侧外墙

4.3 屋面结构

经现场检查，屋面结构基本完好，未见明显破损现象，未见明显渗漏现象，屋檐现状如下图：

一号房南侧屋檐

一号房东侧屋檐

4.4 木构架

对一号房具备检测条件的木构架进行检查，经检查，木构架存在主要残损现象有：

连廊

部分木构件面漆开裂，个别檐檩存在水平开裂。

东房

较多梁檩枋等木构件存在开裂，其中，部分七架梁及梁柱节点已采取了加固措施。

西房

梁檩等构件普遍存在轻微开裂，个别檩条存在明显开裂。

（4）南房吊顶不具备进入条件，未查。

典型木构架残损现状如下：

一号房连廊梁架面漆开裂

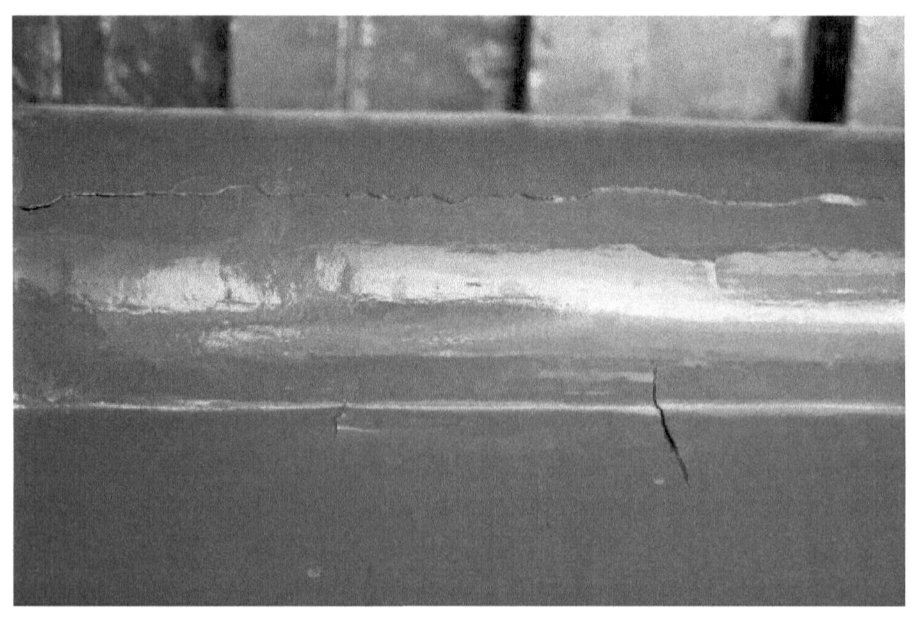

一号房连廊檐檩水平开裂

一号房东房梁柱节点加固情况

一号房东房梁、枋开裂

一号房东房木梁、檩开裂

一号房东房七架梁梁加固情况

一号房西房木檩开裂

一号房西房四架梁、檩条开裂情况

4.5 南侧连廊台基相对高差测量

现场对一号房南侧连廊柱础石上表面的相对高差进行了测量，高差分布情况测量结果如下：

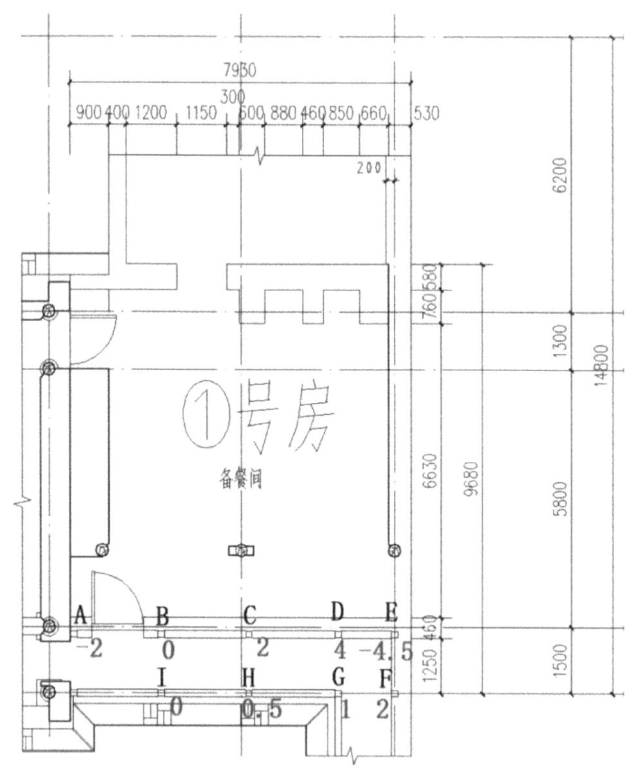

一号房南侧连廊柱础石高差检测图

测量结果表明，各柱础石顶部存在一定的相对高差，其中 D 号柱处柱础最高，与 E 号柱处柱础之间的相对高差最大，为 8.5 毫米，由于结构初期可能存在施工偏差，此部分高差不完全是地基的沉降差，鉴于目前未发现结构存在因地基不均匀沉降而导致的明显损坏现象，可暂不进行处理，但应注意观察。

5. 木结构材质状况勘察

5.1 勘察概述

勘查目的

主要对木结构进行无（微）损检测，评价其材质状况（腐朽、开裂、断裂等）；从而为古建筑维护选材提供依据。

勘查方法

在条件具备的情况下，通过观测、敲击和简单工具对该建筑单体所有能触及的木构件进行普查，记录木构件的材质状况，包括开裂、腐朽等，进一步测定木构件的含水率。

抽查部分裸露的木柱进行阻力仪深层探测，以抽查目测存在缺陷、含水率较高或敲击异常的木柱为主。

阻力仪检测结果说明

此次对木结构材质状况的勘查主要分为以下两个步骤：木构件材质状况普查和主要承重构件的深层检测。建筑单体的普查是通过目测、敲击和部分工具对该建筑单体所有能触及的木构件进行整体检测，记录木构件的材质状况；深层检测是在普查的数据基础上，利用无损检测仪器对部分存在问题的立柱构件进行深层分析。用于本次深层检测的仪器为阻力仪。

5.2 含水率检测结果

经勘查：一号房南侧连廊各木构件柱含水率在2.4%～3.5%之间，不存在含水率测定数值非常异常的木构件，其中I号柱通过锤子敲击立柱发现轻微空响，对该立柱进行微钻阻力仪测试。含水率详细检测结果如下：

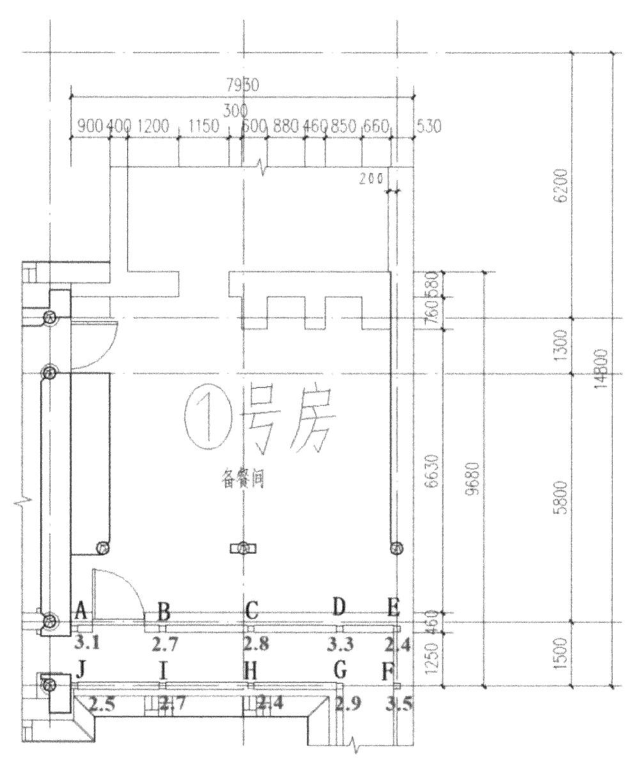

一号房木构件含水率检测图

5.3 阻力仪检测结果

通过对一号房立柱普查数据进行分析，选取以下立柱进行了阻力仪检测，结果表明内部未发现严重残损，检测立柱信息如下：

一号房立柱材质状况表

编号	名称	位置	微钻阻力图位置	材质状况
NO.1	柱	1 号房 –1	0.2 米高	未发现严重残损

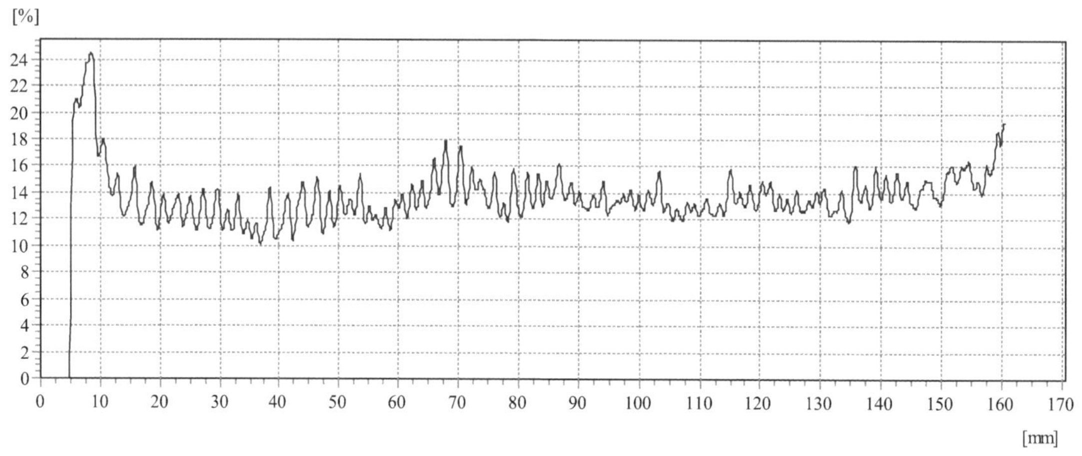

一号房木构件阻力仪检测曲线图

6. 结构安全性鉴定

6.1 评定方法和原则

根据 DB11/T 1190.1—2015，古建筑安全性鉴定分为构件、子单元、鉴定单元 3 个项目。首先根据构件各项目检查结果，判定单个构件安全性等级，然后根据子单元各项目检查结果及各种构件的安全性等级，判定子单元安全性等级，最后根据各子单元的安全性等级，判定鉴定单元安全性等级。

本次鉴定将委托鉴定的区域列为 1 个鉴定单元，每个鉴定单元分为地基基础、上部承重结构及围护系统 3 个子单元，分别对其安全性进行评定。

6.2 子单元安全性鉴定评级

地基基础

经检查，未发现地基基础存在影响上部结构安全的不均匀沉降裂缝和明显变形，因此，本鉴定单元地基基础的安全性评为 A_u 级。

上部承重结构

（1）构件的安全性鉴定

木构件的安全性等级判定，应按承载能力、构造、不适于继续承载的位移（或变形）、裂缝、腐朽、虫蛀、天然缺陷、历次加固现状等检查项目，分别判定每一受检构件的等级，并取其中最低一级作为该构件的安全性等级。

1）木柱安全性评定

柱构件均未发现存在明显变形、裂缝及腐朽等缺陷，均评为 a_u 级。

经统计评定，柱构件的安全性等级为 A_u 级。

2）木梁架中构件安全性评定

梁檩枋楞木构件多处存在开裂，评为 b_u 级，个别构件开裂明显，评为 c_u 级，其余构件评为 a_u 级。

经统计评定，梁构件的安全性等级为 B_u 级；檩、枋、楞木的安全性等级为 B_u 级。

（2）结构整体性安全性评定

1）整体倾斜安全性评定

经检查，未发现结构存在明显整体倾斜，评为 A_u 级。

2）构件间的联系安全性评定

纵向连枋及其连系构件的连接未出现明显松动，构架间的联系综合评为 A_u 级。

3）梁柱间的联系安全性评定

榫卯节点未发现存在拔榫现象，梁柱间的联系综合评定为 A_u 级。

4）榫卯完好程度安全性评定

榫卯材质基本完好，未见明显劈裂、损坏，榫卯完好程度综合评定为 A_u 级。

综合评定该单元上部承重结构整体性的安全性等级为 A_u 级。

综上，上部承重结构的安全性等级评定为 B_u 级。

围护系统安全性评定

围护系统主要包括自承重墙体、屋面等构件。

墙体未发现存在明显开裂，风化及变形，该项目评定为 A_u 级；

屋面未见明显破损现象，该项目评定为 A_u 级。

综合评定该单元围护系统的安全性等级为 A_u 级。

6.3 鉴定单元的鉴定评级

综合上述，根据 DB11/T 1190.1—2015《古建筑结构安全性鉴定技术规范 第 1 部分：木结构》，鉴定单元的安全性等级评为 B_{su} 级，安全性略低于本标准对 A_{su} 级的要求，尚不显著影响整体承载。

7. 处理建议

（1）建议对连廊面漆开裂处进行修复。

（2）建议对开裂程度相对较大的梁檩等木构件进行修复处理，可采用嵌补的方法进行修整，再用铁箍箍紧。

第四章　二号房（正房）结构安全检测鉴定

1. 建筑概况

1.1 建筑简况

二号房面积约 270 平方米，卷棚歇山式勾连搭，面阔五间，进深一间，有前廊。

1.2 现状立面照片

二号房南立面

二号房北立面

二号房西立面

二号房东立面

2. 建筑测绘图纸

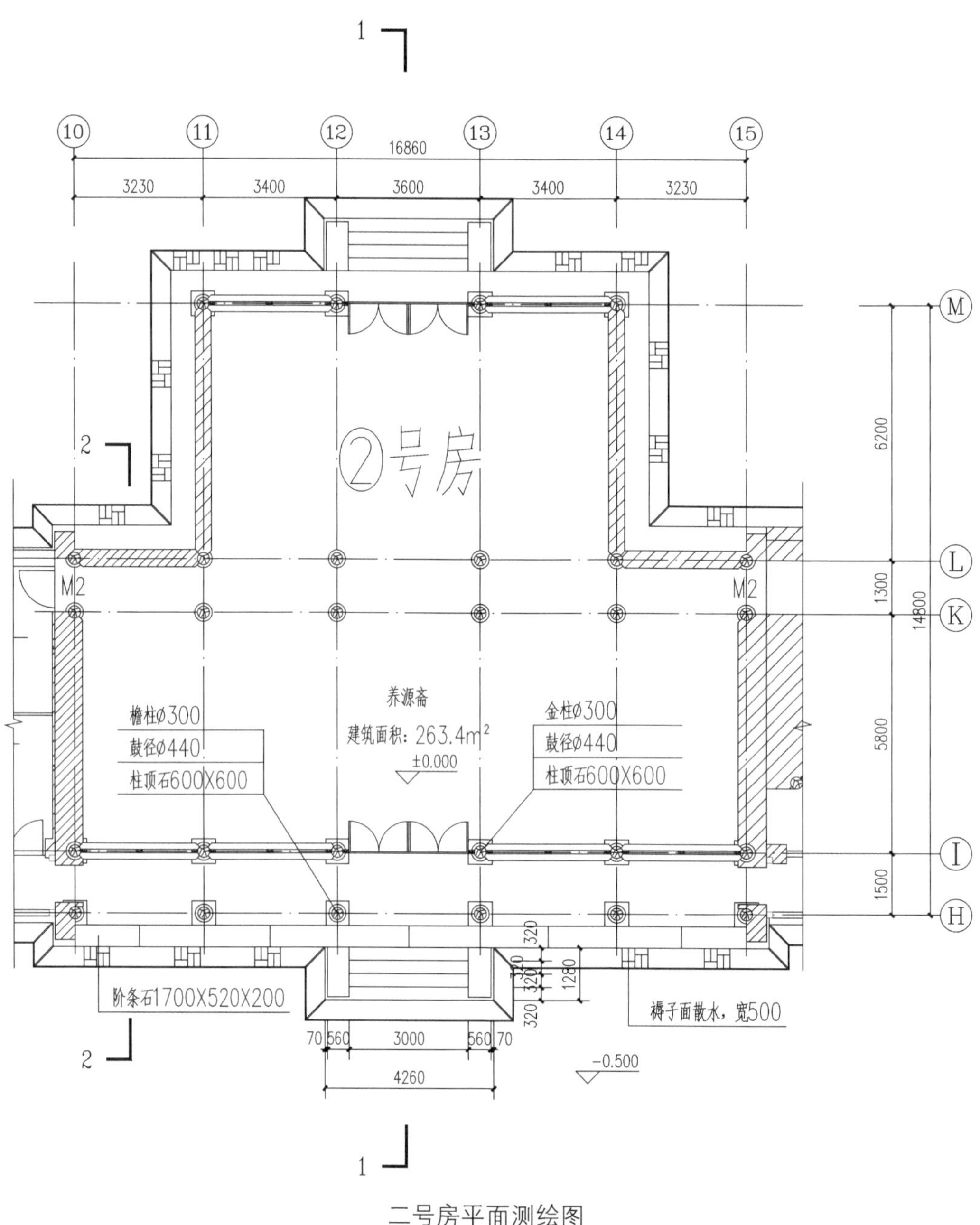

二号房平面测绘图

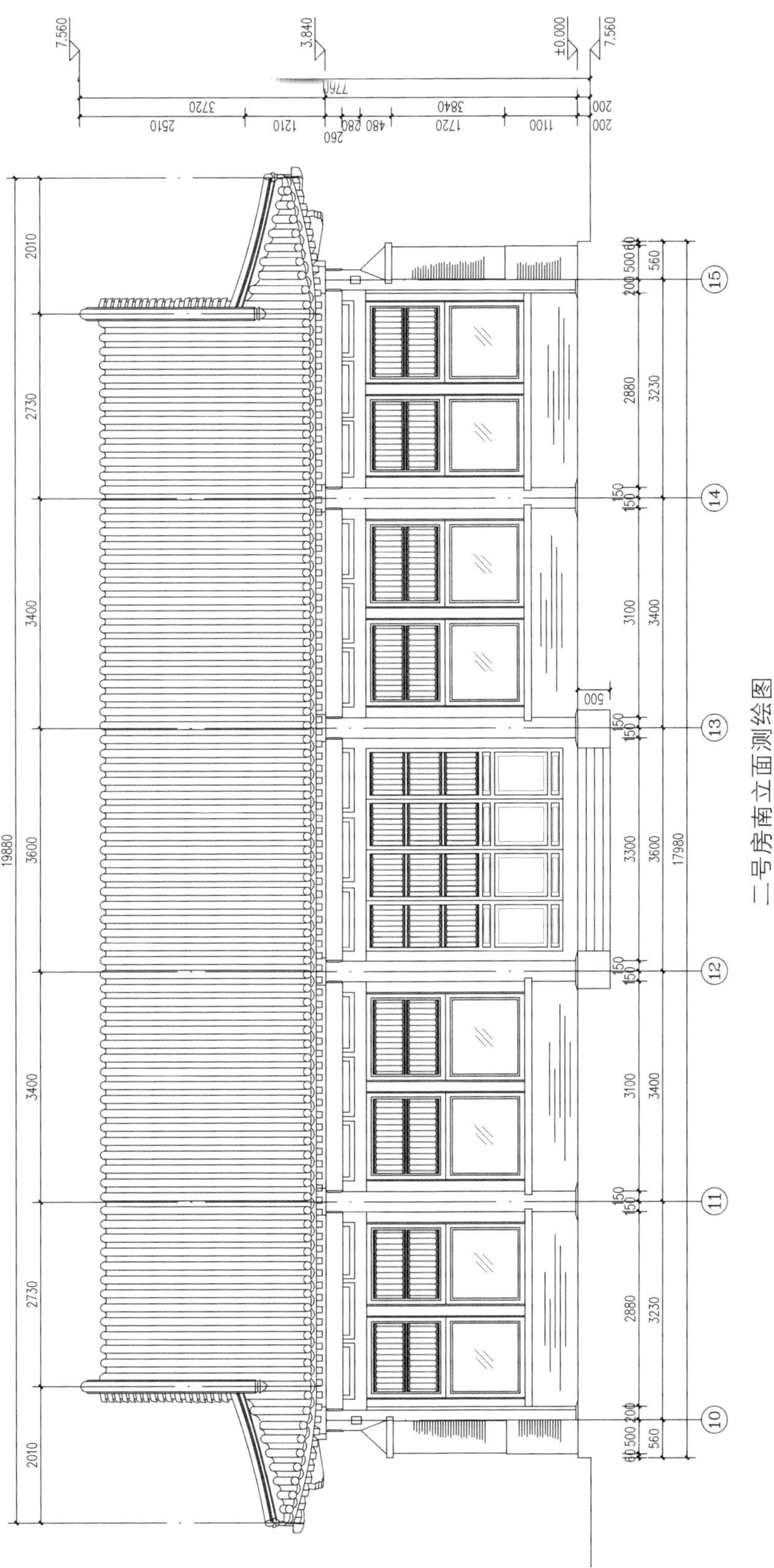
7.560
3.840
±0.000
7.560
7760
3720
3840
200
2510
1210
260
280
480
1720
1100
200
2010
2730
3400
3600
3400
2730
2010
19880
560
3230
2880
3400
3100
3600
3300
3400
3100
3230
2880
560
17980
500
15
14
13
12
11
10

二号房南立面测绘图

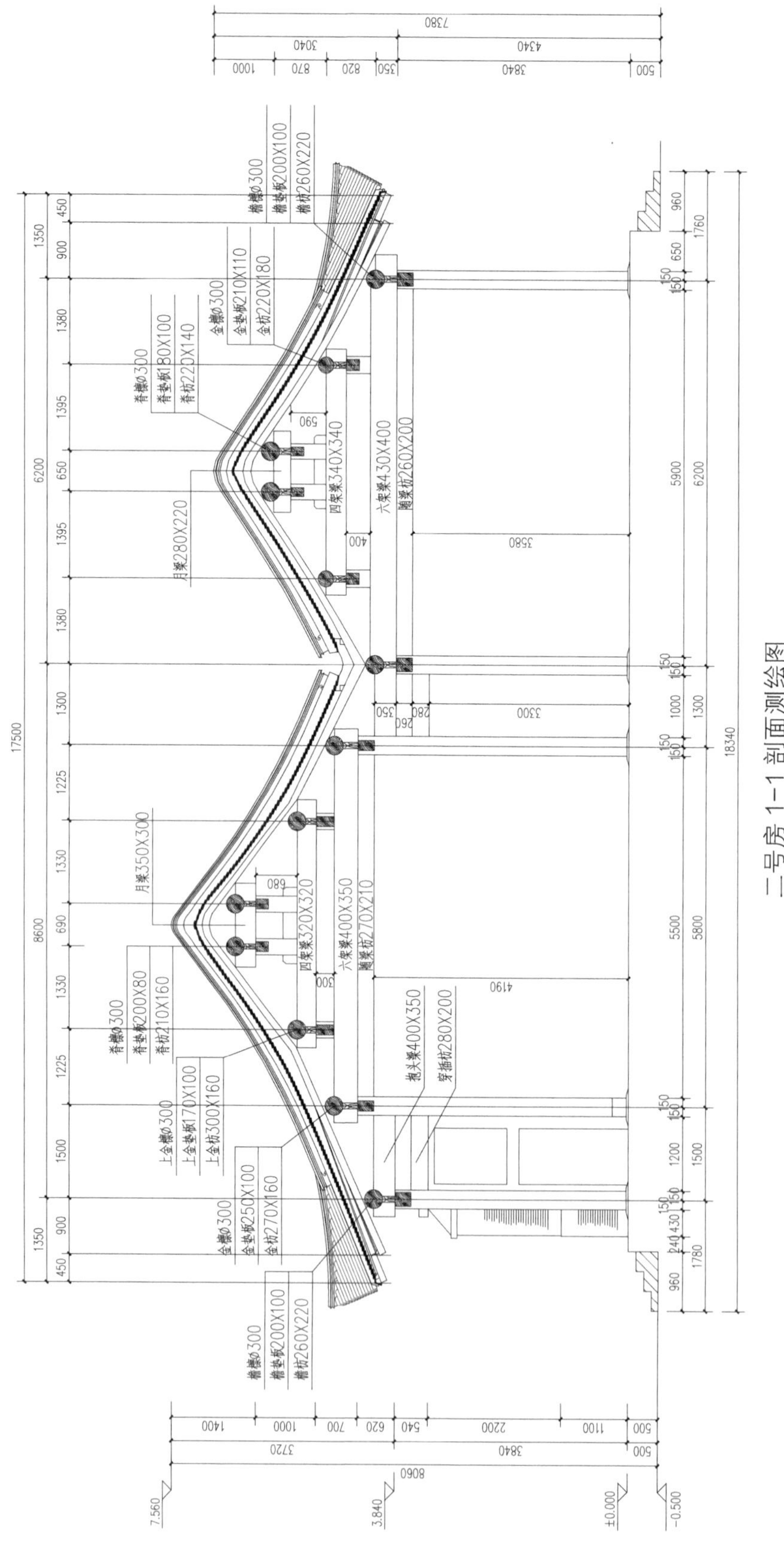
檐檩ϕ300
檐垫板200X100
檐枋260X220
金檩ϕ300
金垫板210X110
金枋220X180
脊檩ϕ300
脊垫板180X100
脊枋220X140
四架梁340X340
六架梁430X400
随梁枋260X200
月梁280X220
月梁350X300
四架梁320X320
六架梁400X350
随梁枋270X210
脊檩ϕ300
脊垫板200X80
脊枋210X160
上金檩ϕ300
上金垫板170X100
上金枋300X160
金檩ϕ300
金垫板250X100
金枋270X160
抱头梁400X350
穿插枋280X200
檐檩ϕ300
檐垫板200X100
檐枋260X220

二号房 1-1 剖面测绘图

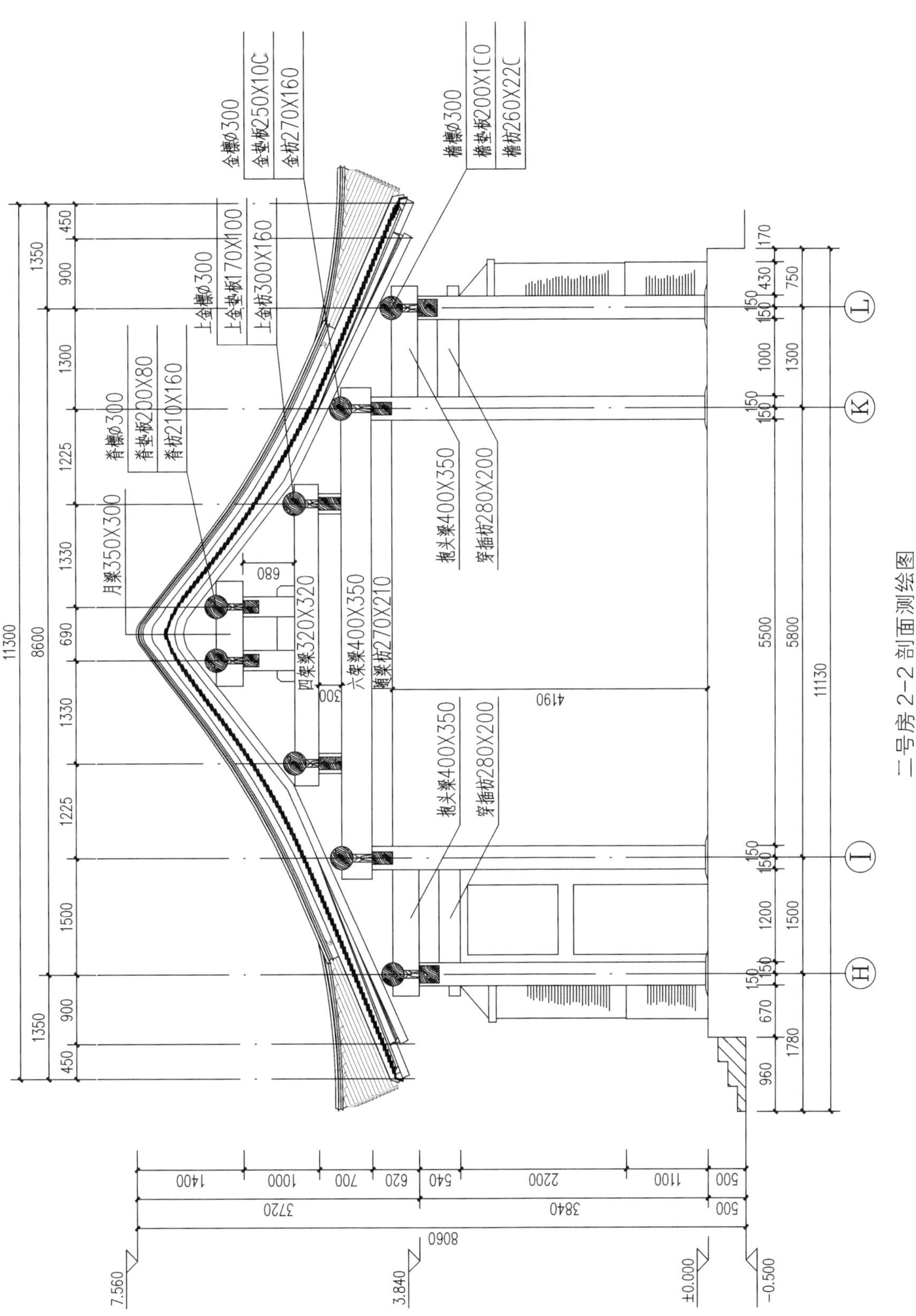

3. 地基基础雷达探查

采用地质雷达对结构地基基础进行探查。雷达天线频率为 300 兆赫，雷达扫描路线示意图、结构详细测试结果如下：

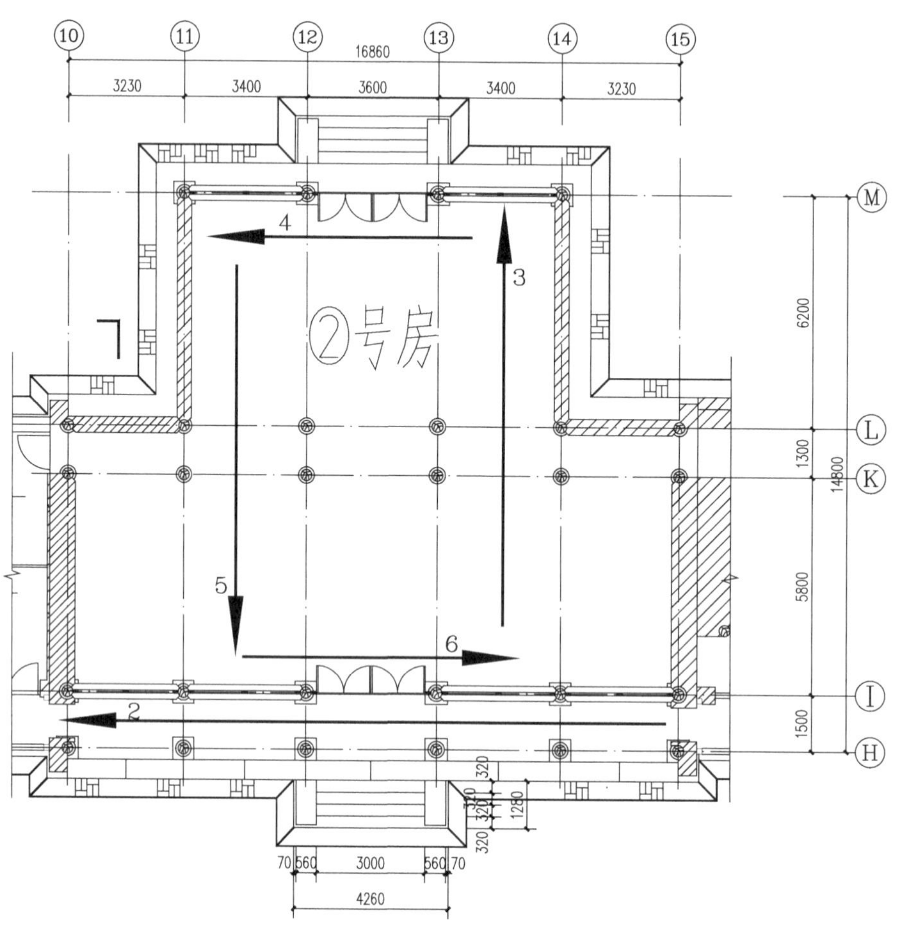

雷达扫描路线示意图

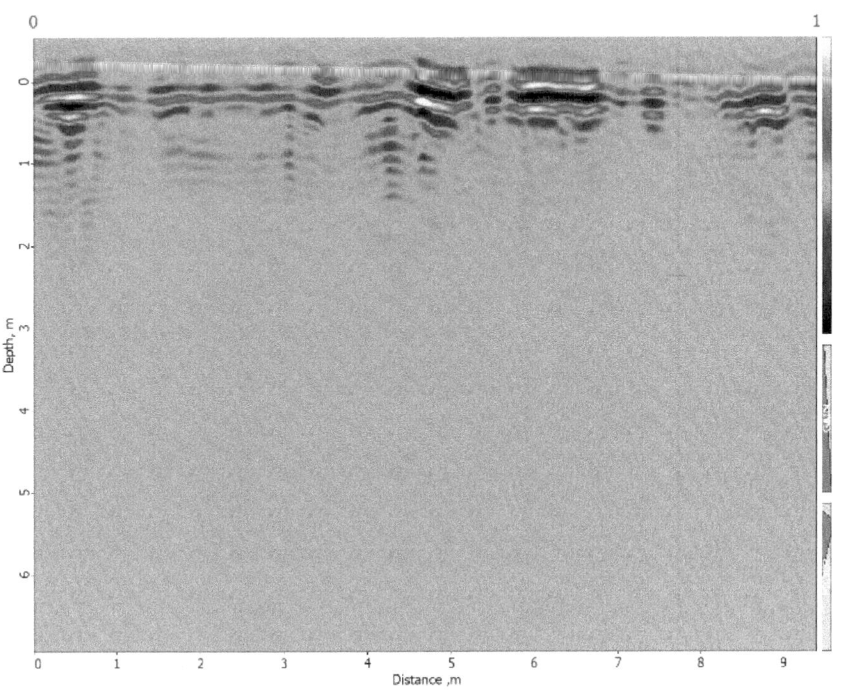

路线2（南侧外廊）雷达测试图

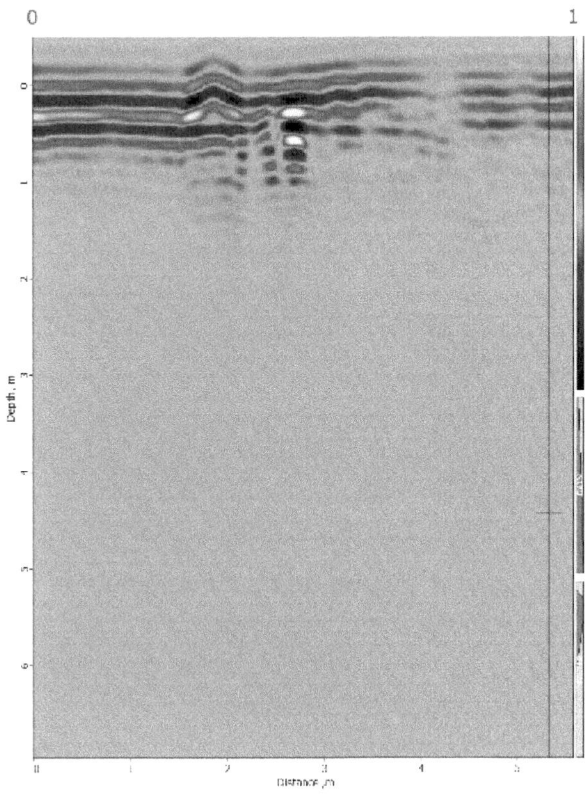

路线3（室内地面）雷达测试图

路线 4（室内地面）雷达测试图

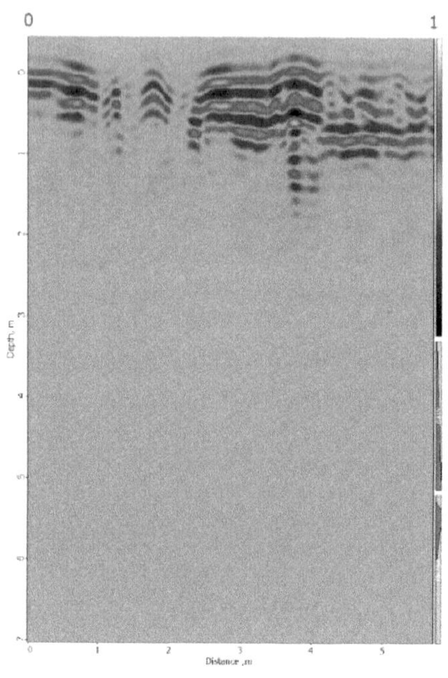

路线 5（室内地面）雷达测试图

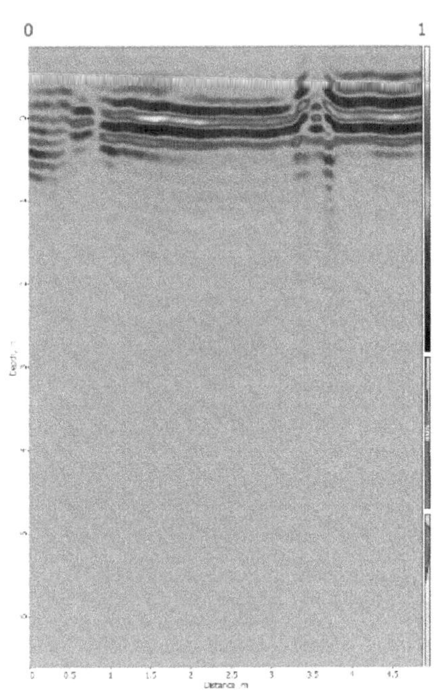

路线6（室内地面）雷达测试图

由雷达测试结果可见，室内地面及外廊处雷达发射波基本类似，上部结构均不够均匀，台基下方地基雷达反射波基本平直连续，没有明显空洞等缺陷。

由于地面无法开挖与雷达图像进行比对，解释结果仅作为参考。

4. 结构外观质量检查

4.1 地基基础

经现场检查，二号房台基阶条石存在风化剥落的现象，台基未见其他明显损坏，上部结构未见因地基不均匀沉降而导致的明显裂缝和变形，建筑的地基基础承载状况基本良好，台基现状如下图：

二号房南侧台基西段

二号房南侧台基中段

二号房南侧台基东段

二号房北侧台基中段、东段

二号房北侧台基西段

4.2 围护结构

经现场检查，墙体基本完好，没有明显的开裂和鼓闪变形，现状如下图：

二号房南立面墙体

二号房西立面墙体

二号房北立面东段墙体

二号房北立面西段墙体

4.3 屋面结构

经现场检查，屋面结构基本完好，未见明显破损现象，未见明显渗漏现象，屋檐现状如下图：

二号房东侧屋面

二号房西侧屋面

二号房南侧屋面西段

二号房南侧屋面东段

4.4 木构架

经现场检查，木构架存在的主要残损情况有：

（1）梁枋檩等构件多处存在开裂。

（2）较多瓜柱出现劈裂现象。

（3）个别梁端出现轻微扭转变形。

（4）个别木柱存在竖向开裂。

典型木构架残损现状如下：

梁枋残损情况表

项次	残损项目	残损情况
1	开裂	14-L-M 轴四架梁开裂，瓜柱轻微劈裂
2	开裂	12-L-M 轴四架梁开裂，瓜柱轻微劈裂
3	开裂	11-L-M 轴四架梁轻微开裂，瓜柱轻微劈裂
4	开裂	15-H-L 轴六架梁轻微开裂
5	开裂	14-H-L 轴四、六架梁轻微开裂
6	开裂	13-H-L 轴瓜柱轻微劈裂
7	开裂	12-H-L 轴瓜柱轻微劈裂
8	开裂	11-H-L 轴四架梁轻微开裂
9	变形	12-L-M 轴随梁枋端部扭转，扭转后枋底最大高差 20 毫米
10	变形	13-L-M 轴随梁枋端部扭转，扭转后枋底最大高差 12 毫米
11	变形	13-14-L 轴随梁枋端部扭转，扭转后枋底最大高差 22 毫米

二号房 14-L-M 轴开裂

二号房 12-L-M 轴开裂

二号房 11-L-M 轴开裂

二号房 15-H-L 轴开裂

二号房 14-H-L 轴开裂

二号房 13-H-L 轴开裂

二号房 12-H-L 轴开裂

二号房 11-H-L 轴开裂

二号房 12-L-M 轴变形

二号房 13-L-M 轴变形

二号房 13-14-L 轴变形

二号房 11-L-M 轴梁架

二号房 12-L-M 轴梁架

二号房 13-L-M 轴梁架

二号房 14-L-M 轴梁架

二号房 11-H-K 轴梁架

二号房 12-H-K 轴梁架

二号房 13-H-K 轴梁架

二号房 14-H-K 轴梁架

二号房 15-H-K 轴梁架

4.5 木构架局部倾斜

现场测量部分柱的倾斜程度，测量结果如下：

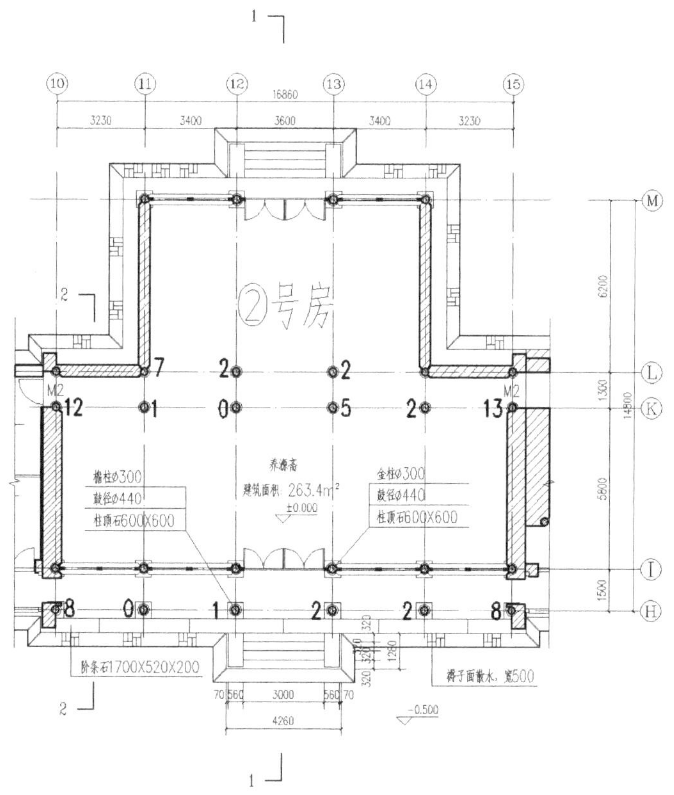

二号房柱东西方向倾斜检测图

现场测量部分柱的东西方向倾斜程度，柱边的数据表示柱底部 2 米的高度范围内上端和下端的相对垂直偏差，数字的位置表示柱上部偏移的方向。依据北京市地方标准《古建筑结构安全性鉴定技术规范 第 1 部分：木结构》DB11/T 1190.1—2015 附录 D 进行判定，规范中规定最大相对位移△≤ H/100 且△≤ 80 毫米，各柱倾斜量均未超出规范限值。

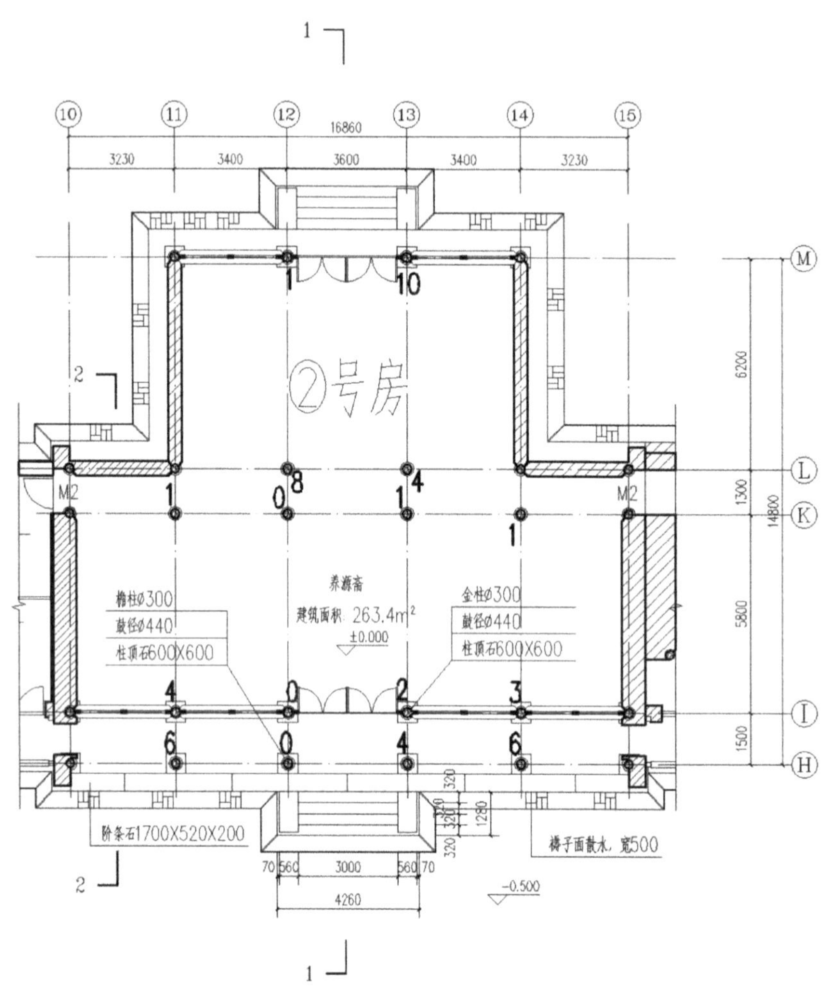

二号房柱南北方向倾斜检测图

现场测量部分柱的南北方向倾斜程度，柱边的数据表示柱底部 2 米的高度范围内上端和下端的相对垂直偏差，数字的位置表示柱上部偏移的方向。依据北京市地方标准《古建筑结构安全性鉴定技术规范 第 1 部分：木结构》DB11/T 1190.1—2015 附录 D 进行判定，规范中规定最大相对位移△≤ H/100 且△≤ 80 毫米，各柱倾斜量均未超出规范限值。

4.6 台基相对高差测量

现场对二号房柱础石上表面的相对高差进行了测量，高差分布情况测量结果如下：

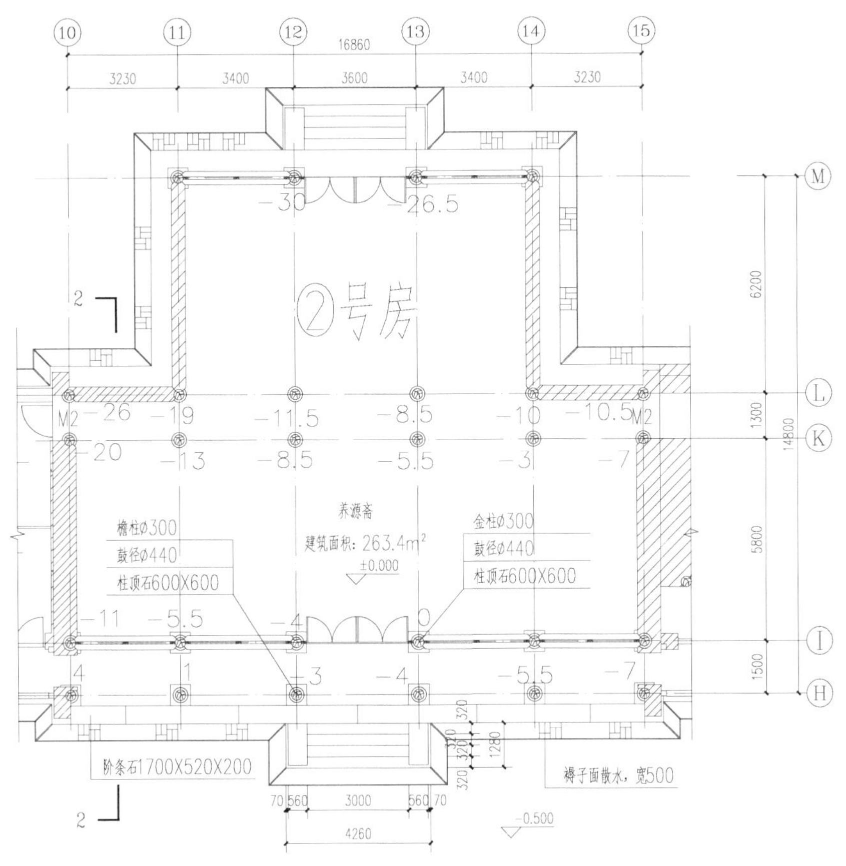

二号房二号房柱础石高差检测图

测量结果表明，各柱础石顶部存在一定的相对高差，呈北侧区域相对较低的现象，其中 10-H 柱础最高，与 12-M 柱础之间的相对高差最大，为 34 毫米，由于结构初期可能存在施工偏差，此部分高差不完全是地基的沉降差，鉴于目前未发现结构存在因地基不均匀沉降而导致的明显损坏现象，可暂不进行处理，但应注意观察。

4.7 木构架局部挠度测量

现场对部分构件的竖向变形进行了测量，通过测量构件的两端高度和跨中高度，计算得到构件的跨中挠度（依据北京市地方标准《古建筑结构安全性鉴定技术规范 第 1 部分：木结构》DB11/T 1190.1—2015 第 7.2.5 条判定构件挠度是否满足规范要求。），构件位置示意见图、计算结果如下：

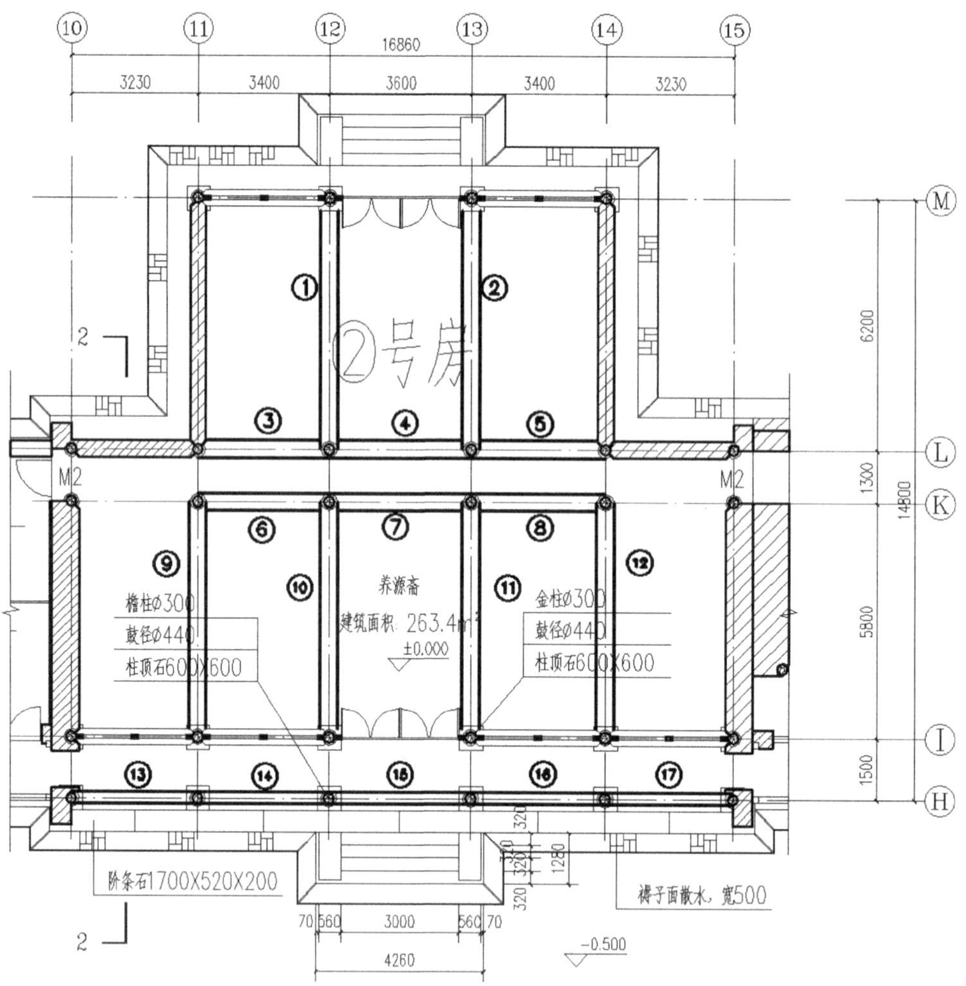

二号房挠度验算构件位置示意图

二号房挠度验算统计表

编号	挠度值（米）	是否超限
1	0.00175	否
2	0.0015	否
3	0.00025	否
4	0.001	否
5	–0.0005	否
6	–0.0005	否
7	0.0005	否
8	–0.00025	否
9	0	否

续表

编号	挠度值（米）	是否超限
10	0.003	否
11	0.00225	否
12	0.002	否
13	0	否
14	–0.0135	否
15	0.002	否
16	–0.0085	否
17	–0.0045	否

经验算，1～17 各构件挠度值均满足规范要求。

5. 木结构材质状况勘察

5.1 勘察概述

勘查目的

主要对木结构进行无（微）损检测，评价其材质状况（腐朽、开裂、断裂等）；从而为古建筑维护选材提供依据。

勘查方法

在条件具备的情况下，通过观测、敲击和简单工具对该建筑单体所有能触及的木构件进行普查，记录木构件的材质状况，包括开裂、腐朽等，进一步测定木构件的含水率。

抽查部分裸露的木柱进行阻力仪深层探测，以抽查目测存在缺陷、含水率较高或敲击异常的木柱为主。

阻力仪检测结果说明

此次对木结构材质状况的勘查主要分为以下两个步骤：木构件材质状况普查和主要承重构件的深层检测。建筑单体的普查是通过目测、敲击和部分工具对该建筑单体所有能触及的木构件进行整体检测，记录木构件的材质状况；深层检测是在普查的数据基础上，利用无损检测仪器对部分存在问题的立柱构件进行深层分析。用于本次深层检测的仪器为阻力仪。

5.2 含水率检测结果

经勘查：各柱木构件柱含水率基本在3.2%～4.7%之间（K-12、K-13、L-12、L-13柱均外涂金漆，金漆影响了仪器的准确性，不予考虑），不存在含水率测定数值非常异常的木构件。通过锤子敲击立柱发现部分立柱存在轻微空响，对其进行微钻阻力仪测试。含水率详细检测结果如下：

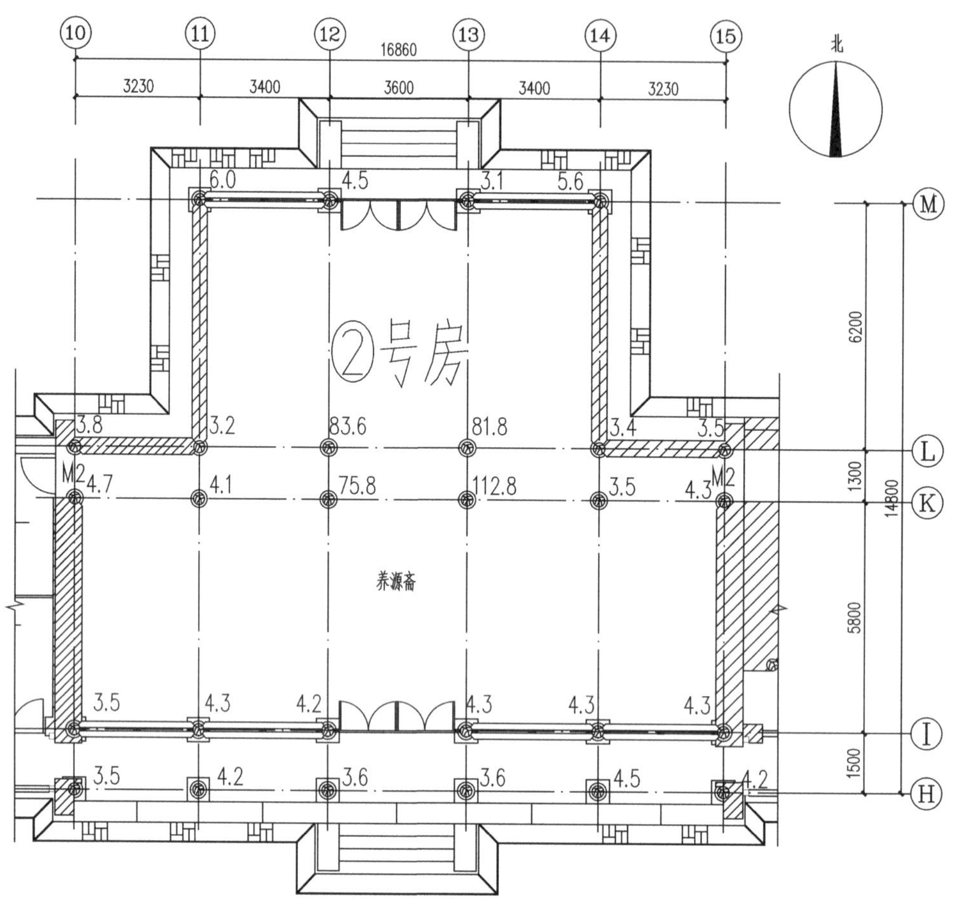

二号房木构件含水率检测图

5.3 阻力仪检测结果

通过对二号房立柱普查数据进行分析，选取以下立柱进行了阻力仪检测，经检测：养源斋M-11、M-12、M-13立柱在高度0.2米处内部存在轻微残损，柱心周围尚保持一定强度；M-14、H-11、H-14未发现明显内部残损。因此，建议对M-11、M-12、M-13立柱进行观察处理。检测立柱统计信息如下。

二号房立柱材质状况表

编号	名称	位置	微钻阻力图位置	材质状况
NO.1	柱	M-11	0.2 米	立柱内部存在轻微残损
NO.2	柱	M-12	0.2 米	立柱内部存在轻微残损
NO.3	柱	M-13	0.2 米	立柱内部存在轻微残损
NO.4	柱	M-14	0.2 米	未发现严重残损
NO.5	柱	H-11	0.2 米	未发现严重残损
NO.6	柱	H-14	0.2 米	未发现严重残损

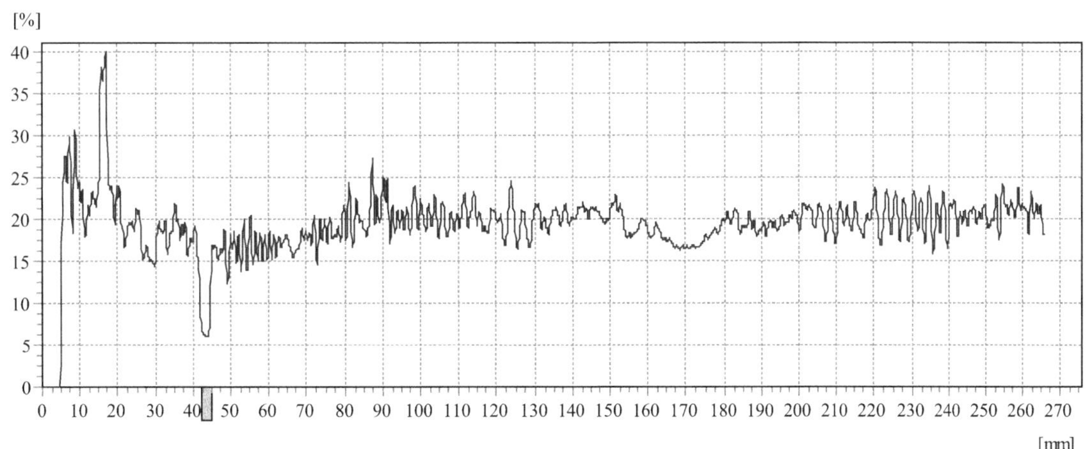

1 号微钻阻力仪检测曲线图

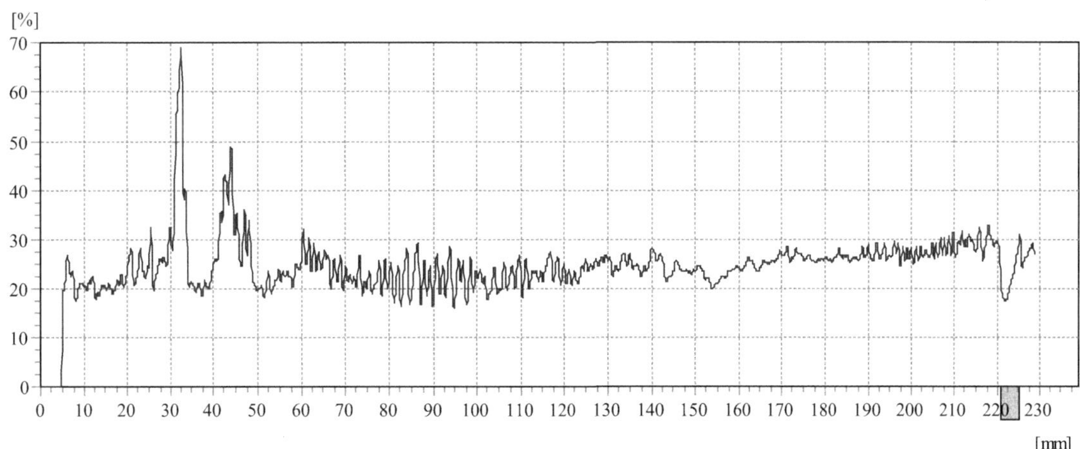

2 号微钻阻力仪检测曲线图

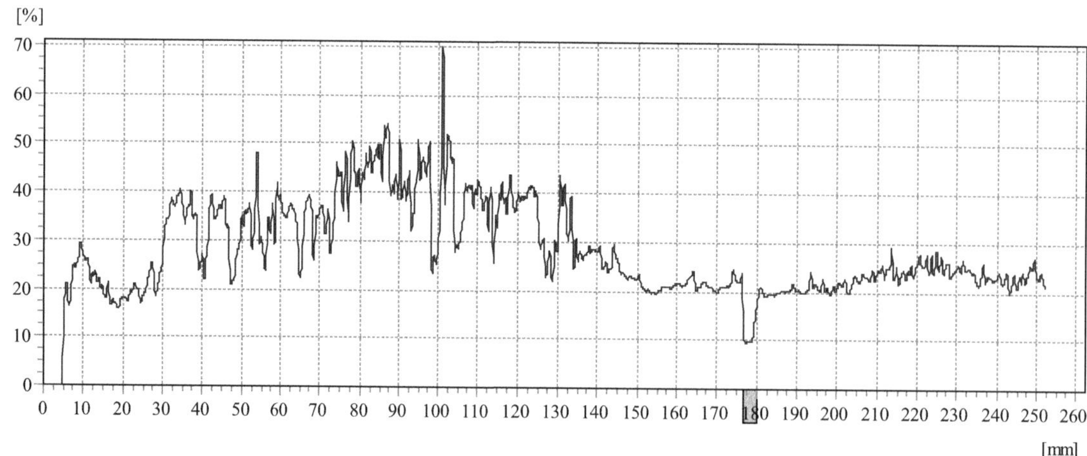

3 号微钻阻力仪检测曲线图

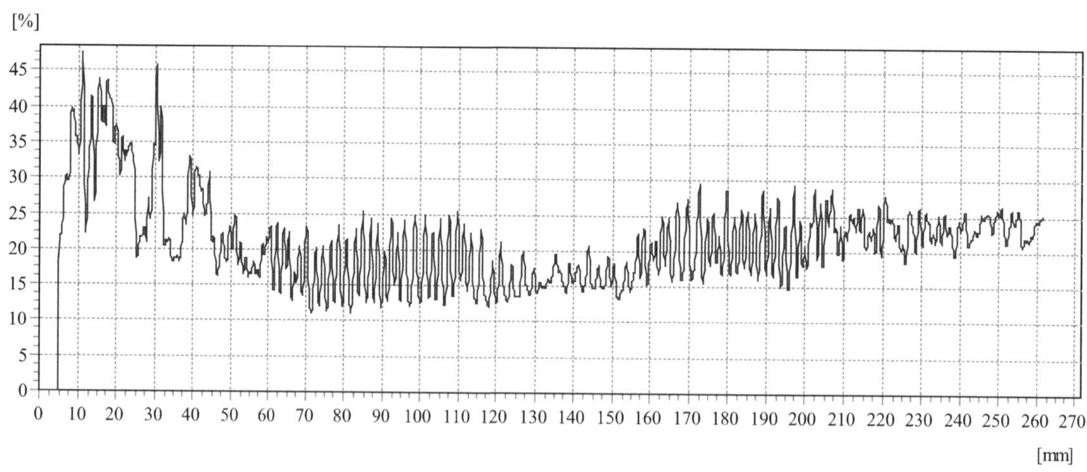

4 号微钻阻力仪检测曲线图

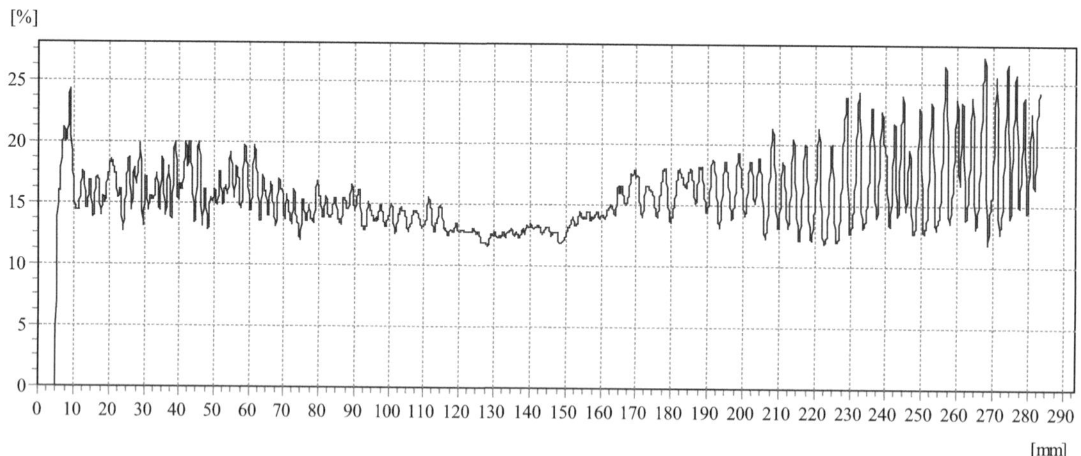

5 号微钻阻力仪检测曲线图

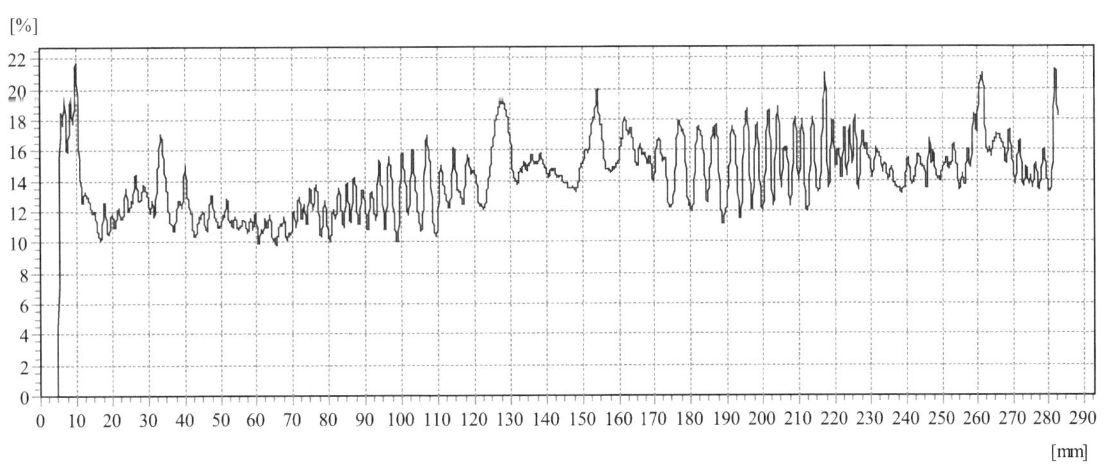

6 号微钻阻力仪检测曲线图

6. 结构安全性鉴定

6.1 评定方法和原则

根据 DB11/T 1190.1—2015，古建筑安全性鉴定分为构件、子单元、鉴定单元 3 个项目。首先根据构件各项目检查结果，判定单个构件安全性等级，然后根据子单元各项目检查结果及各种构件的安全性等级，判定子单元安全性等级，最后根据各子单元的安全性等级，判定鉴定单元安全性等级。

本次鉴定将委托鉴定的区域列为 1 个鉴定单元，每个鉴定单元分为地基基础、上部承重结构及围护系统 3 个子单元，分别对其安全性进行评定。

6.2 子单元安全性鉴定评级

地基基础

经检查，未发现地基基础存在影响上部结构安全的不均匀沉降裂缝和明显变形，因此，本鉴定单元地基基础的安全性评为 A_u 级。

上部承重结构

（1）构件的安全性鉴定

木构件的安全性等级判定，应按承载能力、构造、不适于继续承载的位移（或变形）、裂缝、腐朽、虫蛀、天然缺陷、历次加固现状等检查项目，分别判定每一受检构件的等级，并取其中最低一级作为该构件的安全性等级。

1）木柱安全性评定

3 根柱内部存在轻微残损，评为 b_u 级；2 根柱发现存在明显裂缝，评为 c_u 级。

经统计评定，柱构件的安全性等级为 B_u 级。

2）木梁架中构件安全性评定

3 根梁构件存在明显开裂，评为 c_u 级；4 根梁构件存在轻微开裂，评为 b_u 级；其他木构件未发现存在明显变形、裂缝及腐朽等缺陷，均评为 a_u 级。5 根瓜柱构件存在轻微开裂，评为 c_u 级；

经统计评定，梁构件的安全性等级为 B_u 级。

（2）结构整体性安全性评定

1）整体倾斜安全性评定

经测量，结构未发现存在明显整体倾斜，评为 A_u 级。

2）局部倾斜安全性评定

经测量，未发现柱存在大于 H/100 的相对位移，局部倾斜综合评为 A_u 级；

3）构件间的联系安全性评定

纵向连枋及其连系构件的连接未出现明显松动，构架间的联系综合评为 A_u 级。

4）梁柱间的联系安全性评定

榫卯节点未发现存在拔榫现象，梁柱间的联系综合评定为 A_u 级。

5）榫卯完好程度安全性评定

榫卯材质基本完好，榫卯完好程度综合评定为 B_u 级。

综合评定该单元上部承重结构整体性的安全性等级为 B_u 级。

综上，上部承重结构的安全性等级评定为 B_u 级。

围护系统安全性评定

围护系统主要包括自承重墙体、屋面等构件。

1 处墙体与柱构件连接处存在明显开裂现象，该项目评定为 B_u 级；

屋面未见明显破损现象，该项目评定为 A_u 级。

综合评定该单元围护系统的安全性等级为 B_u 级。

6.3 鉴定单元的鉴定评级

综合上述，根据 DB11/T 1190.1—2015《古建筑结构安全性鉴定技术规范 第 1 部分：木结构》，鉴定单元的安全性等级评为 B_{su} 级，安全性略低于本标准对 A_{su} 级的要求，尚不显著影响整体承载。

7. 处理建议

（1）建议对开裂程度相对较大的木梁柱及瓜柱等木构件进行修复处理，可采用嵌补的方法进行修整，再用铁箍箍紧。

（2）建议对存在明显扭转的梁端进行定期观测。

第五章　三号房（西耳房）结构安全检测鉴定

1. 建筑概况

1.1 建筑简况

三号房面积约 240 平方米，砖混结构，平屋顶，南侧有廊。

三号房南立面

三号房西立面

2. 建筑测绘图纸

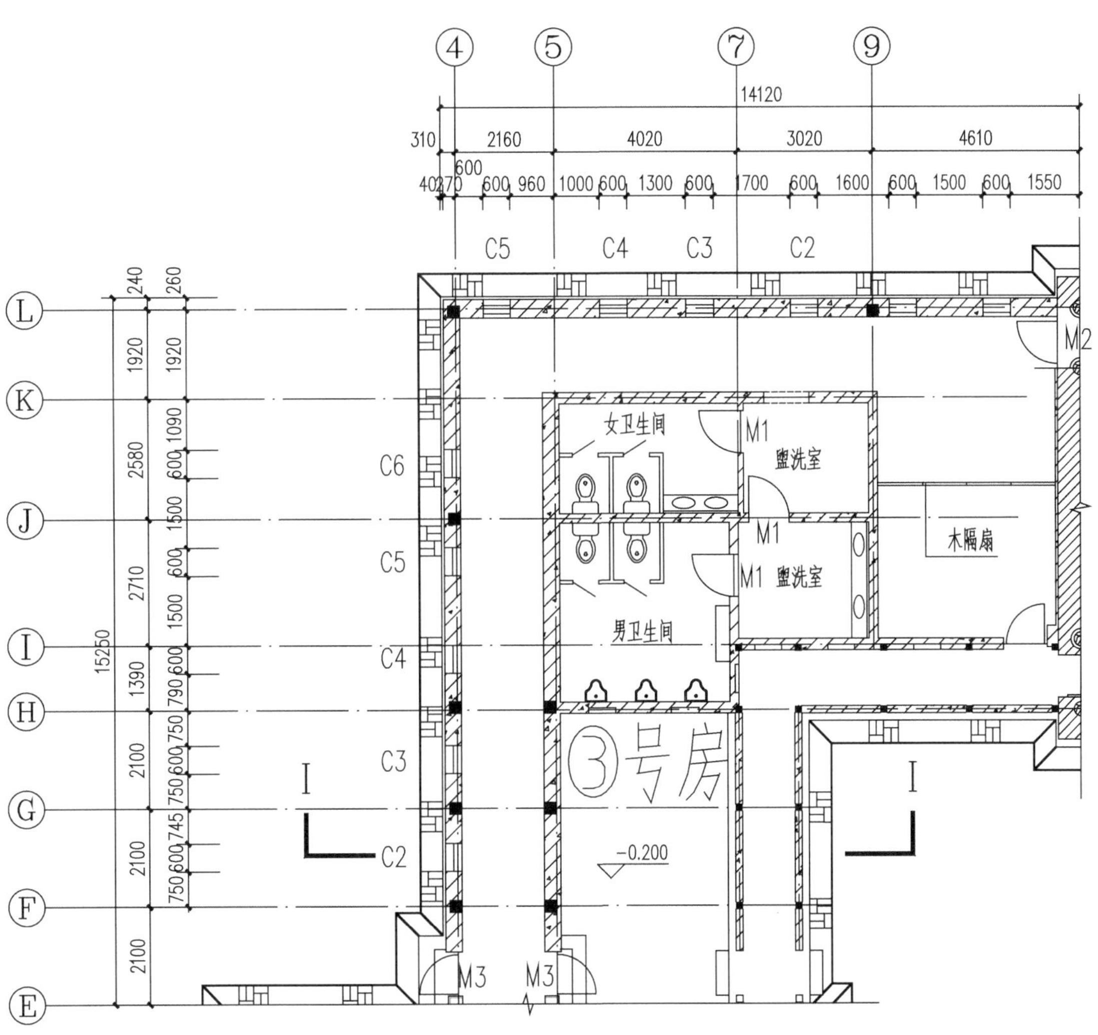

三号房平面测绘图

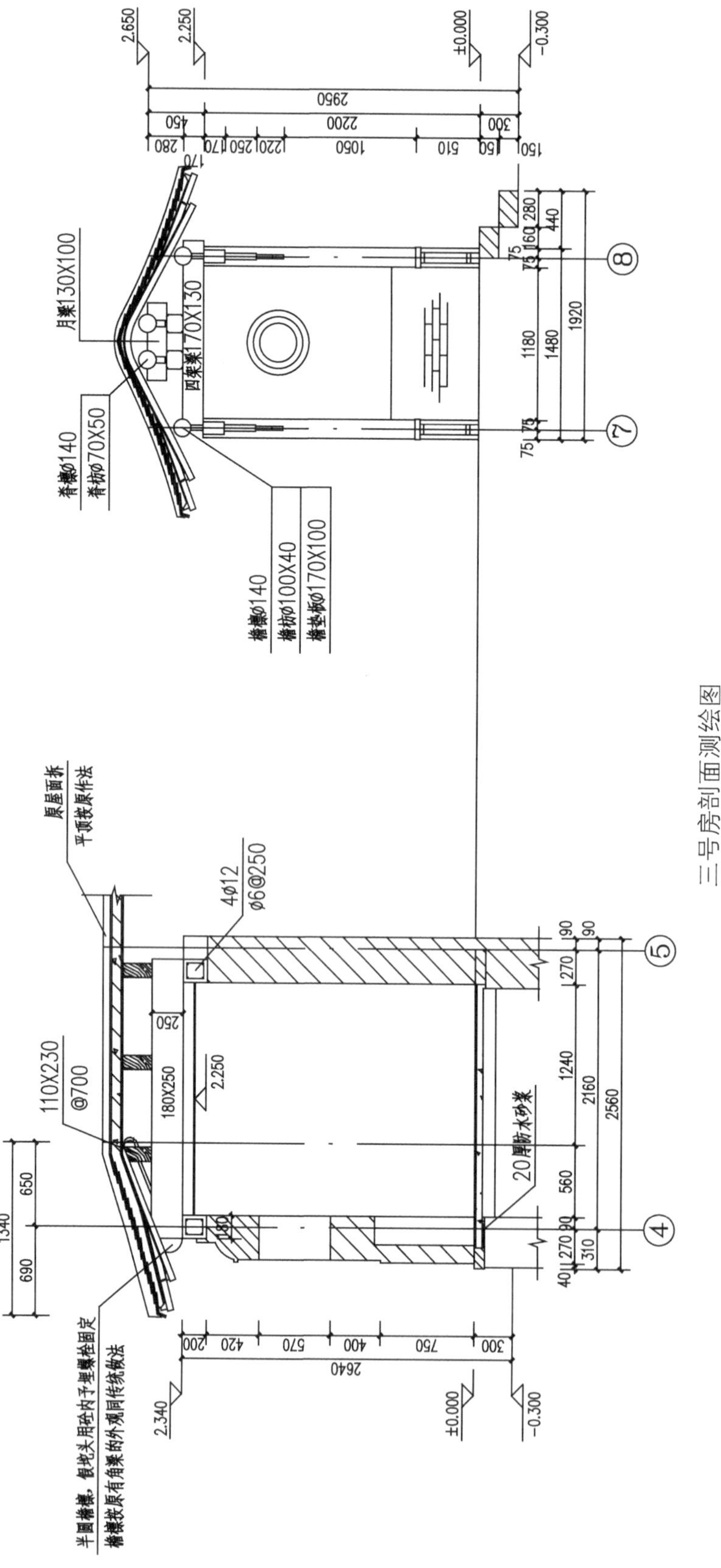
月梁130X100
四架梁170X130
脊檩Φ140
脊枋Φ70X50
檐檩Φ140
檐枋Φ100X40
檐垫板Φ170X100
原屋面拆
平顶按原作法
4Φ12
Φ6@250
110X230
@700
180X250
20厚防水砂浆

二号房剖面测绘图

3. 地基基础雷达探查

采用地质雷达对结构地基基础进行探查。雷达天线频率为 300 兆赫，雷达扫描路线示意图、结构详细测试结果如下：

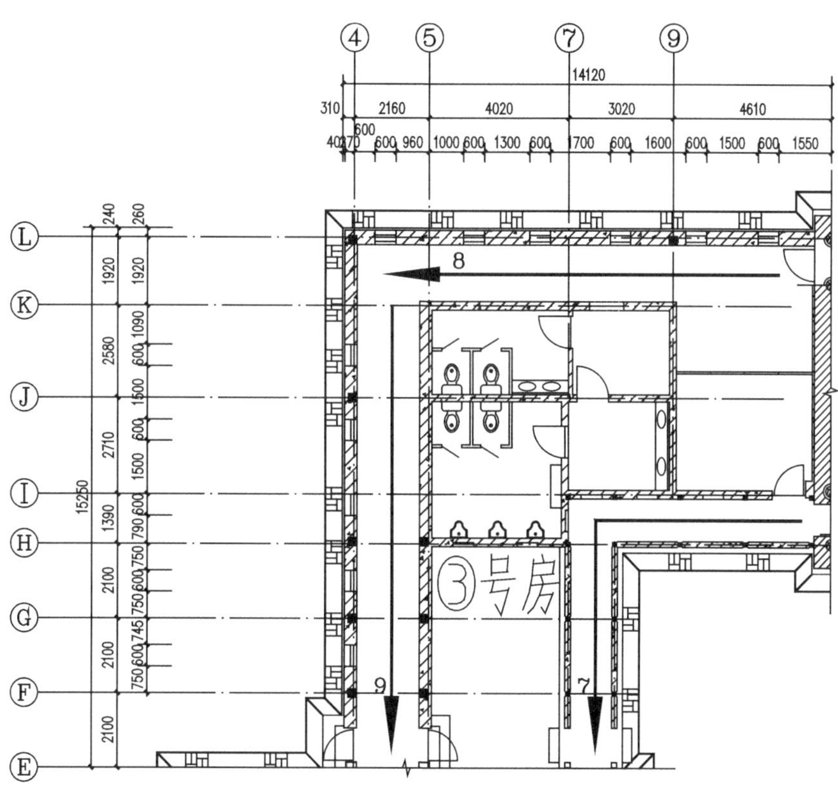

雷达扫描路线示意图

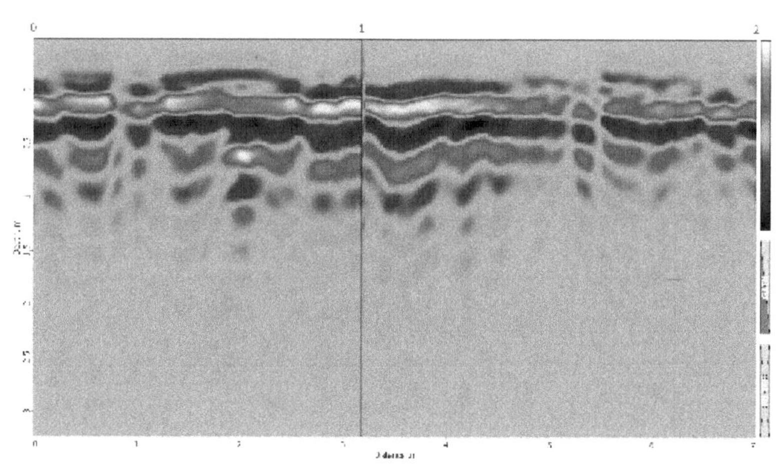

路线 7（南侧外廊）雷达测试图

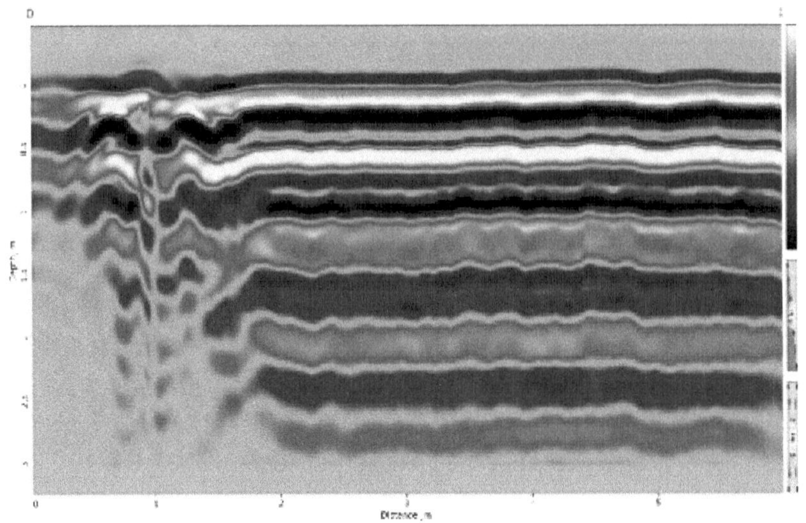

路线 8（室内地面）雷达测试图

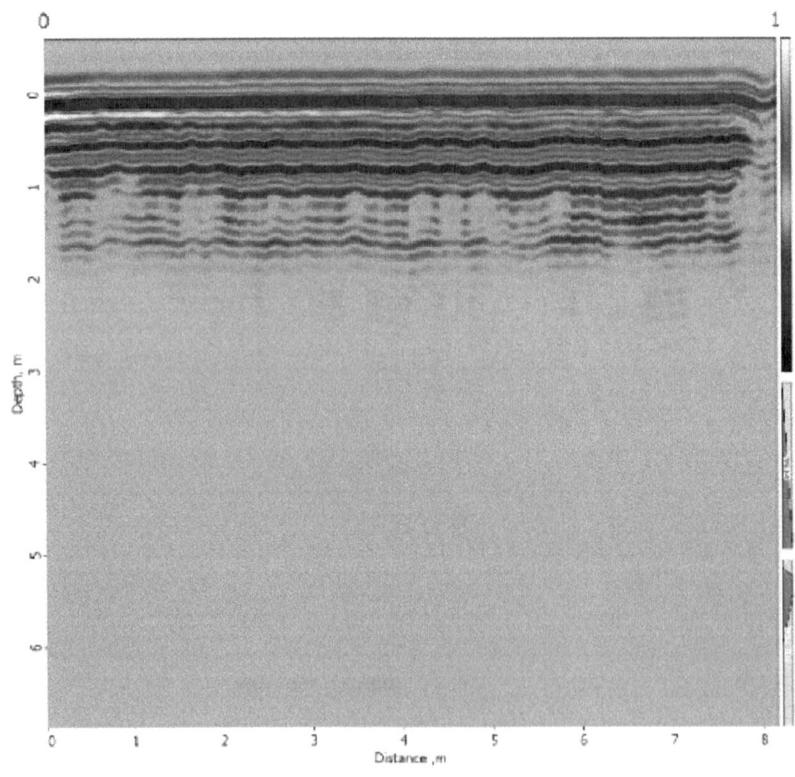

路线 9（室内地面）雷达测试图

由雷达测试结果可见，室内地面雷达波相对平直连续，外廊处雷达波较杂乱，上部结构室内比外廊更均匀，室内地面下方没有明显空洞等缺陷。

由于地面无法开挖与雷达图像进行比对，解释结果仅作为参考。

4. 结构外观质量检查

4.1 地基基础

经现场检查，台基阶条石存在风化剥落的现象，台基未见其他明显损坏，上部结构未见因地基不均匀沉降而导致的明显裂缝和变形，建筑的地基基础承载状况基本良好，台基现状如下图：

三号房东西走向连廊台基

三号房南北走向连廊台基

4.2 围护结构

经现场检查，墙体基本完好，没有明显的开裂和鼓闪变形，现状如下图：

三号房南侧外墙

三号房西侧外墙

4.3 屋面结构

经现场检查，屋檐多处生有杂草，屋面结构基本完好，未见其他破损现象，未见明显渗漏现象。屋檐现状如下图：

三号房屋面

三号房屋檐

4.4 木构架

三号房室内吊顶仅一处观察孔，其它区域吊顶封闭，不具备检查条件。经检查，连廊木构架存在的残损现象主要有：梁檩及望板等木构件面漆普遍出现开裂，木构架残损现状如下：

三号房 9-10-I-J 处木屋面板

三号房连廊梁架面漆开裂

4.5 台基相对高差测量

现场对房屋南侧连廊柱础石上表面的相对高差进行了测量，测量结果如下：

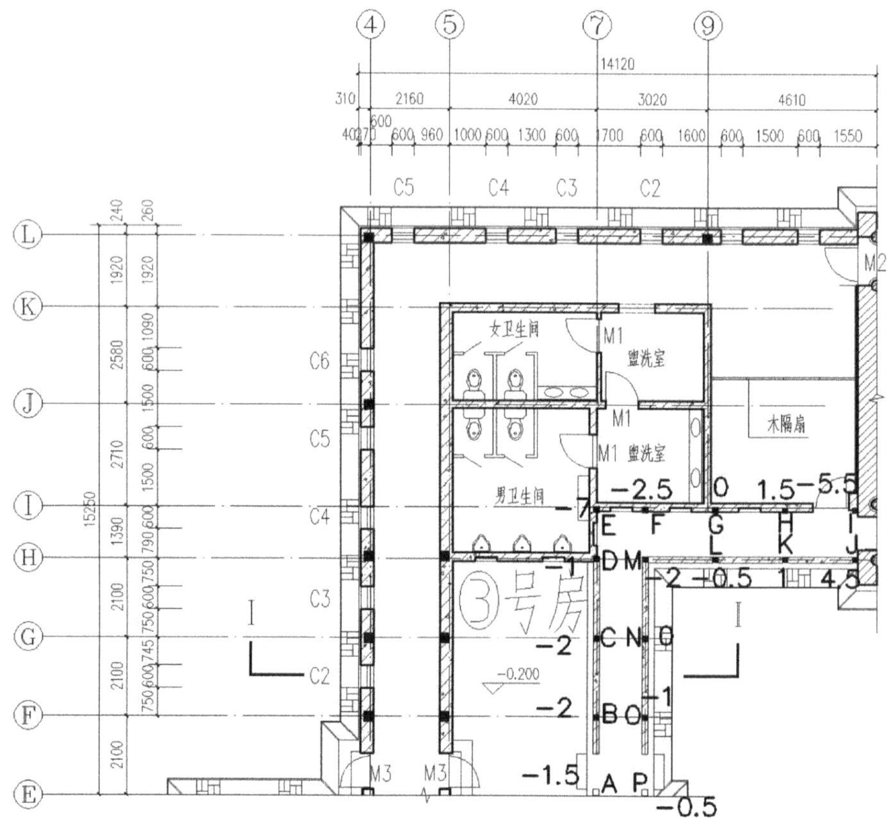

三号房柱础石高差检测图

测量结果表明，各柱础石顶部存在一定的相对高差，其中G号柱柱础最高，与E号柱柱础之间的相对高差最大，为11.5毫米，由于结构初期可能存在施工偏差，此部分高差不完全是地基的沉降差，鉴于目前未发现结构存在因地基不均匀沉降而导致的明显损坏现象，可暂不进行处理，但应注意观察。

4.6 砖混结构检测

外观质量检查

对具备检查条件的结构及构件外观进行了检查检测，检查结果表明：

（1）未发现地基基础存在影响结构安全和正常使用的不均匀沉降现象。

（2）柱墙构件外观质量良好，未发现表面存在影响结构安全的明显裂缝等缺陷，未发现存在明显倾斜或变形过大等现象。

三号房室内现状图

构件截面尺寸

采用钢卷尺对柱截面尺寸进行抽检［根据《混凝土结构工程施工质量验收规范》（GB50204—2015），柱截面尺寸的允许偏差是+10毫米，-5毫米。］，检测结果如下：

检测结果表明：所抽检的柱截面尺寸符合设计图纸要求。

柱截面尺寸检测表

序号	构件位置	实测截面尺寸（毫米）	设计截面尺寸（毫米）	检测结果
1	7–G 柱	南北向 150	南北向 150，东西向 150	符合
2	7–H 柱	南北向 155	南北向 150，东西向 150	符合

构件钢筋配置检测

依据《混凝土中钢筋检测技术规程》（JGJ/T 152—2008），采用电磁感应法对柱的钢筋配置进行抽检，具体检测结果见下表。

检测结果表明：

（1）所抽检的柱构件纵筋数量符合设计图纸要求；

（2）所抽检的柱构件箍筋间距不符合设计图纸要求。

柱钢筋配置检测表

序号	构件位置	箍筋		纵筋		检测结果
		实测加密区间距平均值（毫米）	设计间距平均值（毫米）	西侧实测数量（根）	西侧设计数量（根）	
1	7–G 柱	217	200	2	2	箍筋间距不符
2	7–H 柱	201	200	2	2	箍筋间距不符
3	1/5–L 柱	200	200	2	2	箍筋间距不符

5. 木结构材质状况勘察

5.1 勘察概述

勘查目的

主要对木结构进行无（微）损检测，评价其材质状况（腐朽、开裂、断裂等）；从而为古建筑维护选材提供依据。

勘查方法

在条件具备的情况下，通过观测、敲击和简单工具对该建筑单体所有能触及的木构件进行普查，记录木构件的材质状况，包括开裂、腐朽等，进一步测定木构件的含水率。

抽查部分裸露的木柱进行阻力仪深层探测，以抽查目测存在缺陷、含水率较高或敲击异常的木柱为主。

阻力仪检测结果说明

此次对木结构材质状况的勘查主要分为以下两个步骤：木构件材质状况普查和主要承重构件的深层检测。建筑单体的普查是通过目测、敲击和部分工具对该建筑单体所有能触及的木构件进行整体检测，记录木构件的材质状况；深层检测是在普查的数据基础上，利用无损检测仪器对部分存在问题的立柱构件进行深层分析。用于本次深层检测的仪器为阻力仪。

5.2 含水率检测结果

经勘查，三号房东南侧连廊各木构件含水率含水率在 2.6%～3.5% 之间，不存在含水率测定数值非常异常的木构件，其中 K 柱通过锤子敲击立柱发现轻微空响，对该立柱进行微钻阻力仪测试。含水率详细检测结果如下：

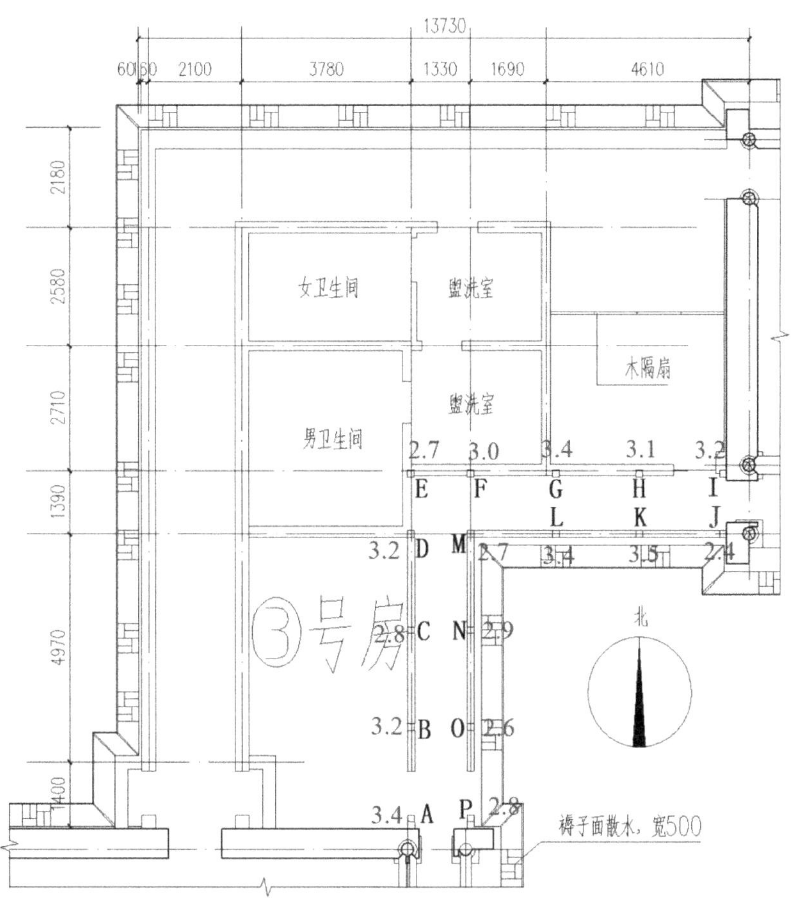

三号房东南侧连廊木构件含水率检测图

5.3 阻力仪检测结果

通过对3号房立柱普查数据进行分析，选取以下立柱进行了阻力仪检测，结果表明未发现严重残损，检测立柱统计信息如下：

三号房立柱材质状况简表

编号	名称	位置	微钻阻力图位置	材质状况
NO.1	柱	3号房-K	0.2米	未发现严重残损

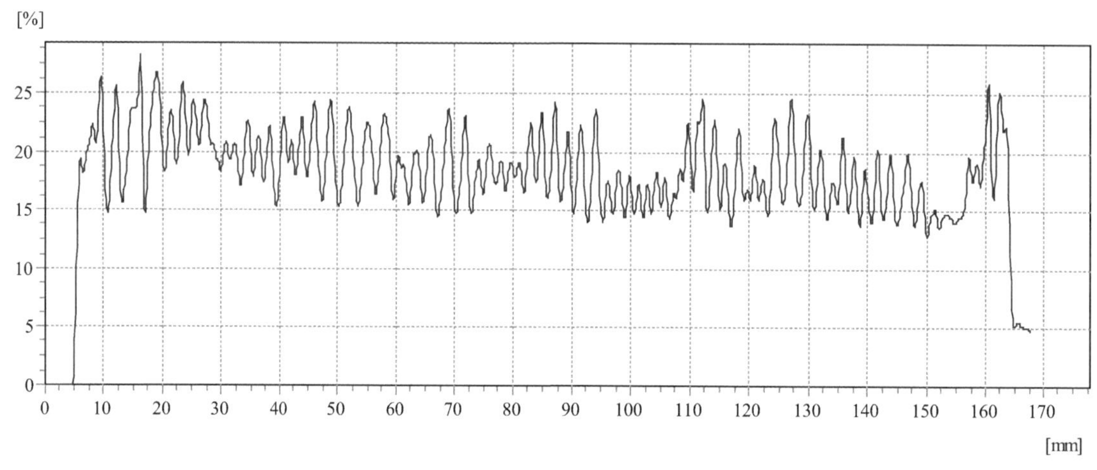

微钻阻力仪检测曲线图

6. 结构安全性鉴定

6.1 评定方法和原则

根据DB11/T 1190.1—2015，古建筑安全性鉴定分为构件、子单元、鉴定单元3个项目。首先根据构件各项目检查结果，判定单个构件安全性等级，然后根据子单元各项目检查结果及各种构件的安全性等级，判定子单元安全性等级，最后根据各子单元的安全性等级，判定鉴定单元安全性等级。

本次鉴定将委托鉴定的区域列为1个鉴定单元，每个鉴定单元分为地基基础、上部承重结构及围护系统3个子单元，分别对其安全性进行评定。

6.2 子单元安全性鉴定评级

地基基础

经检查，未发现地基基础存在影响上部结构安全的不均匀沉降裂缝和明显变形，因此，本鉴定单元地基基础的安全性评为 A_u 级。

上部承重结构

（1）木构件的安全性鉴定

木构件的安全性等级判定，应按承载能力、构造、不适于继续承载的位移（或变形）、裂缝、腐朽、虫蛀、天然缺陷、历次加固现状等检查项目，分别判定每一受检构件的等级，并取其中最低一级作为该构件的安全性等级。

1）木柱安全性评定

木柱未发现存在明显变形、裂缝及腐朽等缺陷，均评为 a_u 级。

经统计评定，柱构件的安全性等级为 A_u 级。

2）木梁架中构件安全性评定

梁檩枋等木构件未发现存在明显变形、裂缝及腐朽等缺陷，均评为 a_u 级。

经统计评定，梁构件的安全性等级为 A_u 级；檩、枋、楞木的安全性等级为 A_u 级。

（2）木结构整体性安全性评定

1）整体倾斜安全性评定

经测量，结构未发现存在明显整体倾斜，评为 A_u 级。

2）局部倾斜安全性评定

经测量，未发现木柱存在明显相对位移，局部倾斜综合评为 A_u 级。

3）构件间的联系安全性评定

纵向连枋及其连系构件的连接未出现明显松动，构架间的联系综合评为 A_u 级。

4）梁柱间的联系安全性评定

榫卯节点未发现存在拔榫现象，梁柱间的联系综合评定为 A_u 级。

5）榫卯完好程度安全性评定

榫卯材质基本完好，榫卯完好程度综合评定为 A_u 级。

（3）砌体承重墙安全性评定

1）承载能力：砌体墙受压验算结果见附图 1，砌体墙受压承载力均满足标准要求，砌体墙的承载能力项评定为 a_u 级。

2）变形与损伤：经检测，砌体墙未发现明显的裂缝和其它损伤，此项均评定为 a_u 级。

砌体墙的安全性等级评为 A_u 级。

（4）砌体结构上部承重结构整体性

经现场检查，该房屋为地上 1 层砌体结构，结构布置基本合理，形成完整系统，结构选型及传力路线设计正确；无裂缝或其他损伤，该房屋结构整体性等级评为 A_u 级。

综合评定该单元上部承重结构整体性的安全性等级为 A_u 级。

围护系统安全性评定

围护系统主要包括自承重墙体、屋面等构件。

墙体未发现存在明显开裂，风化及变形，该项目评定为 A_u 级；

屋面仅生有杂草，未见明显破损现象，该项目评定为 A_u 级。

综合评定该单元围护系统的安全性等级为 A_u 级。

6.3 鉴定单元的鉴定评级

综合上述，根据 DB11/T 1190.1—2015《古建筑结构安全性鉴定技术规范 第 1 部分：木结构》，鉴定单元的安全性等级评为 A_{su} 级，安全性符合本标准对 A_{su} 级的要求，不影响整体承载。

7. 处理建议

（1）建议对连廊面漆开裂处进行修复。

（2）建议对檐部杂草进行清除。

第六章　四号房（西配房）结构安全检测鉴定

1. 建筑概况

1.1 建筑简况

四号房面积约 140 平方米，悬山式勾连搭建筑，面阔三间，进深一间，砖墙及混凝土柱承重，钢屋架，混凝土屋面板。

1.2 现状立面照片

四号房东立面

四号房北立面

2. 建筑测绘图纸

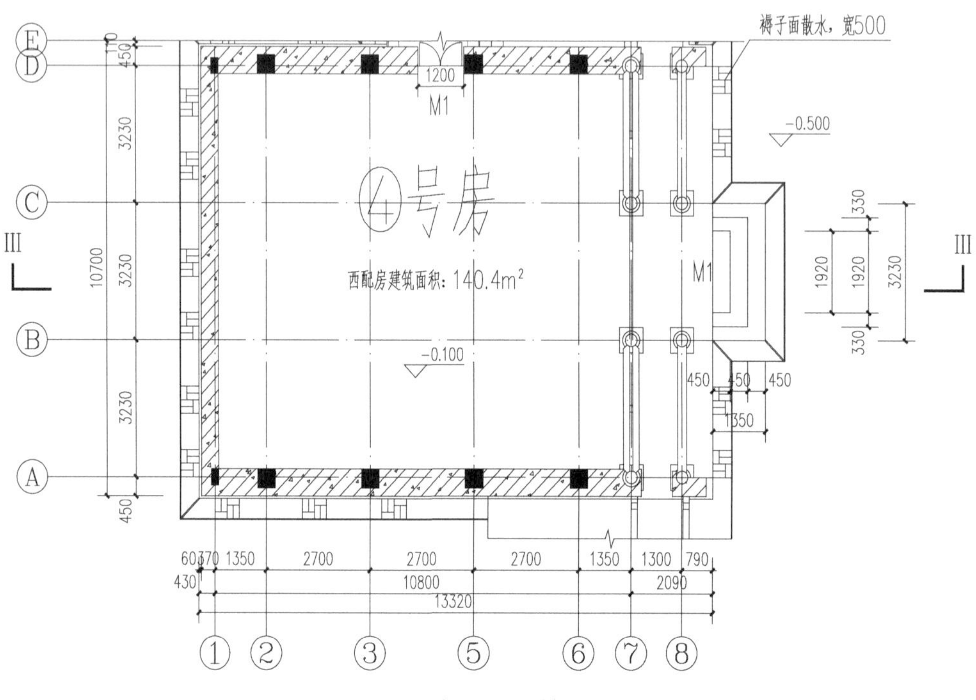

四号房平面测绘图

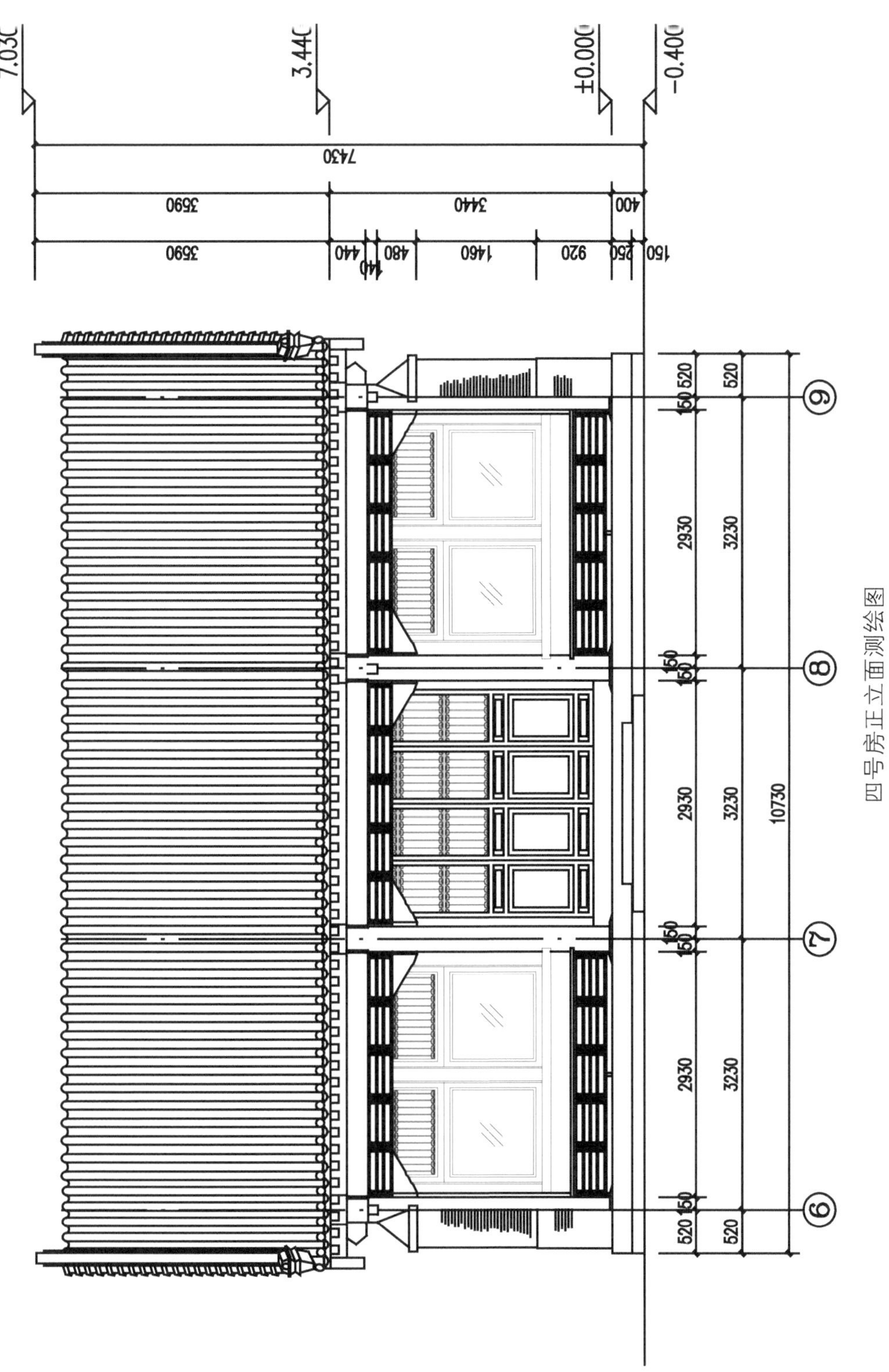
7.030
3.440
±0.000
-0.400
7430
3590
3440
400
3590
440
140
480
1460
920
250
150
520
150
2930
3230
10730
9
8
7
6

四号房正立面测绘图

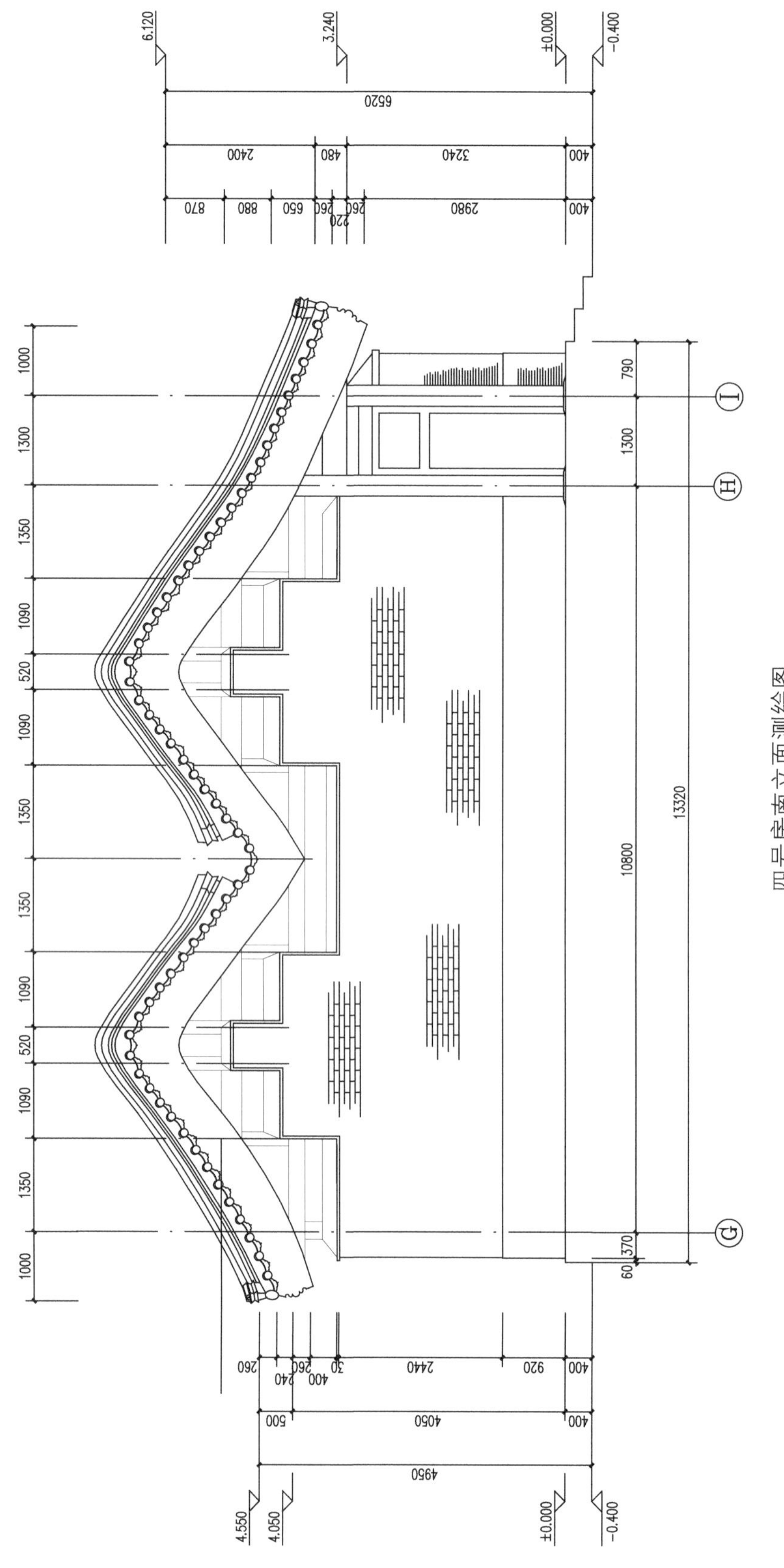
6.120
3.240
±0.000
-0.400
6520
2400
480
3240
400
870
880
650
260
220
2980
1000
1300
1350
1090
520
790
10800
13320
370
60
I
H
G
260
240
400
30
2440
920
500
4050
4950
4.550
4.050

四号房南立面测绘图

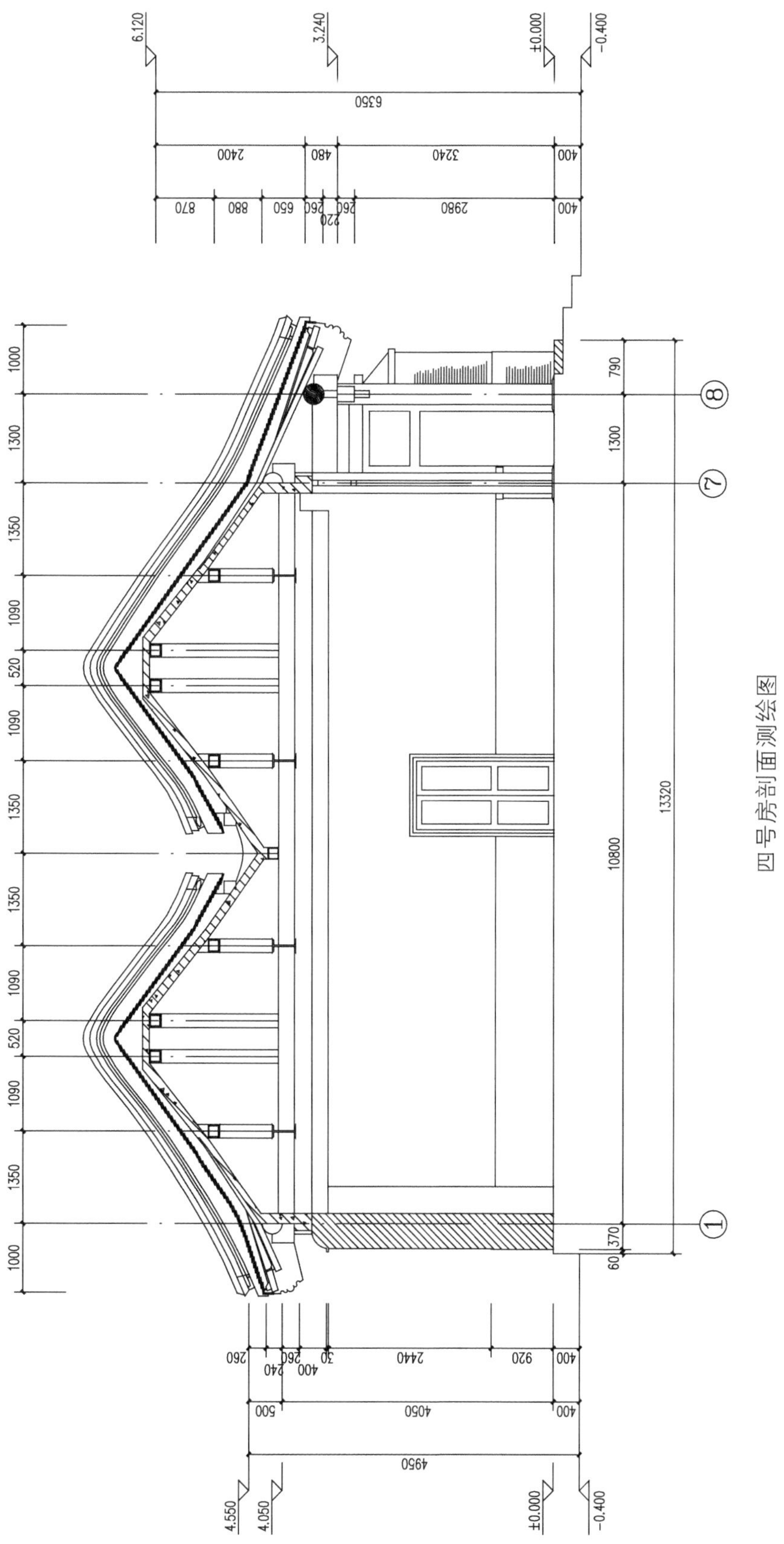
6.120
3.240
±0.000
-0.400
6350
2400
480
3240
400
870
880
650
260
220
260
2980
1000
1300
1350
1090
520
790
13320
10800
370
60
8
7
1
260
240
260
400
30
2440
920
500
4050
4950
4.550
4.050

四号房剖面测绘图

3. 地基基础雷达探查

采用地质雷达对结构地基基础进行探查。雷达天线频率为 300 兆赫，雷达扫描路线示意图、结构详细测试结果如下：

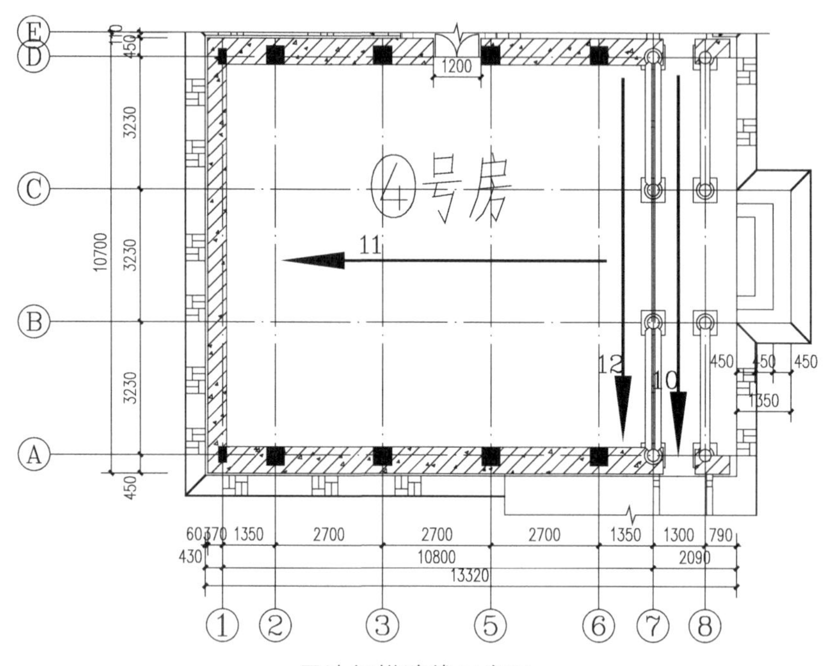

雷达扫描路线示意图

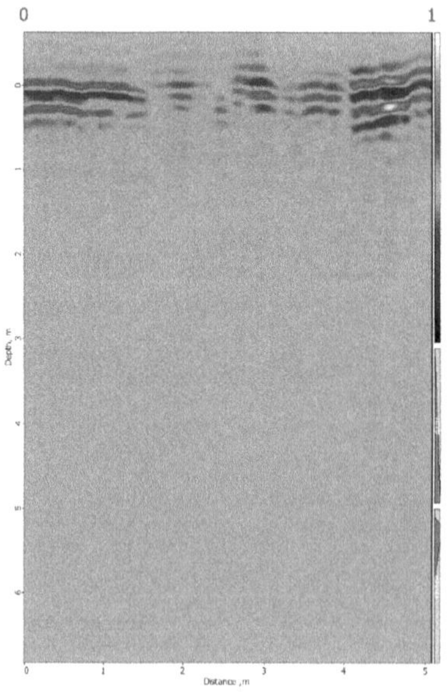

路线 10（室外地面）雷达测试图

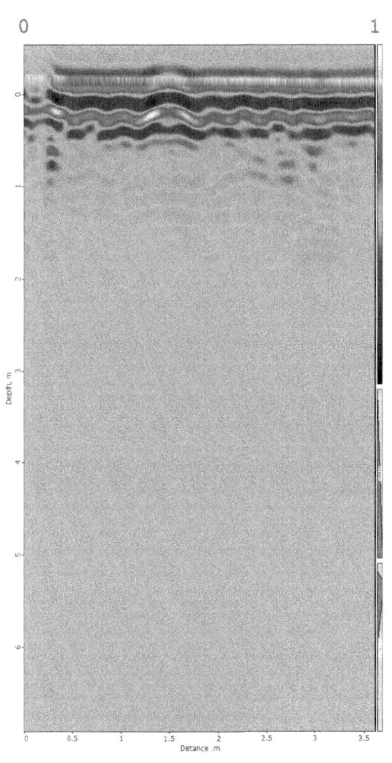

路线 11（室内地面）雷达测试图

路线 12（室内地面）雷达测试图

由雷达测试结果可见，室内地面雷达波相对平直连续，外廊处雷达波较杂乱，上部结构室内比外廊更均匀，室内地面下方没有明显空洞等缺陷。

由于地面无法开挖与雷达图像进行比对，解释结果仅作为参考。

4. 结构外观质量检查

4.1 地基基础

经现场检查，四号房台基阶条石存在风化剥落的现象，台基未见其他明显损坏，上部结构未见因地基不均匀沉降而导致的明显裂缝和变形，建筑的地基基础承载状况基本良好，台基现状如下图：

四号房东立面南段台基

四号房东立面中段台基

四号房东立面北段台基

4.2 围护结构

经现场检查，墙体基本完好，没有明显的开裂和鼓闪变形，现状如下图.

四号房东立面外墙

四号房北立面外墙

四号房西立面外墙

四号房南立面外墙

4.3 屋面结构

经现场检查，屋面结构基本完好，未见明显破损现象，未见明显渗漏现象。屋檐现状如下图：

四号房屋面

4.4 主体结构检测

外观质量检查

对具备检查条件的结构及构件外观进行了检查检测，检查结果表明：

未发现钢梁架存在明显锈蚀等缺陷；混凝土屋面板外观质量良好，未发现表面存在影响结构安全的明显裂缝等缺陷。

四号房钢结构梁架

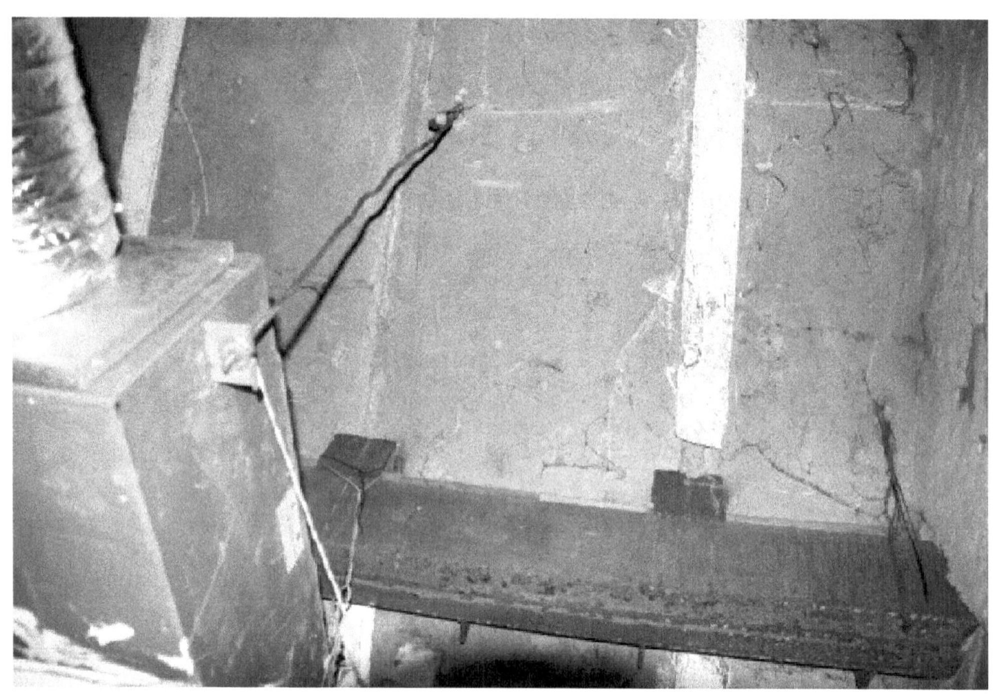

四号房混凝土屋面板

构件截面尺寸

采用钢卷尺对梁截面尺寸进行抽检（根据《混凝土结构工程施工质量验收规范》（GB50204—2015），墙、梁、板截面尺寸的允许偏差是 +10 毫米，-5 毫米。），检测结果如下：

检测结果表明：所抽检的梁截面尺寸符合设计图纸要求。

梁截面尺寸检测表

序号	构件位置	实测截面尺寸（毫米）	设计截面尺寸（毫米）	检测结果
1	5-A-D 钢梁（GL1）	高度 630	I63a	符合
2	1/3-A-D 钢梁（GL3）	宽 140 高 180	宽 140 高 180	符合
3	2-B 柱	直径 285	直径 280	符合
4	2-C 柱	直径 285	直径 280	符合

构件钢筋配置检测

依据《混凝土中钢筋检测技术规程》（JGJ/T152—2008），采用电磁感应法对柱的钢筋配置进行抽检，具体检测结果如下：

检测结果表明：

所抽检的柱构件箍筋间距符合设计图纸要求。

柱钢筋配置检测表

序号	构件位置	箍筋		纵筋		检测结果
		实测加密区间距平均值（毫米）	设计间距平均值（毫米）	西侧实测数量（根）	西侧设计数量（根）	
1	2–B 柱	57	50	/	/	符合
2	2–C 柱	61	50	/	/	符合

4.5 台基相对高差测量

现场对房屋的柱础石上表面的相对高差进行了测量，测量结果如下：

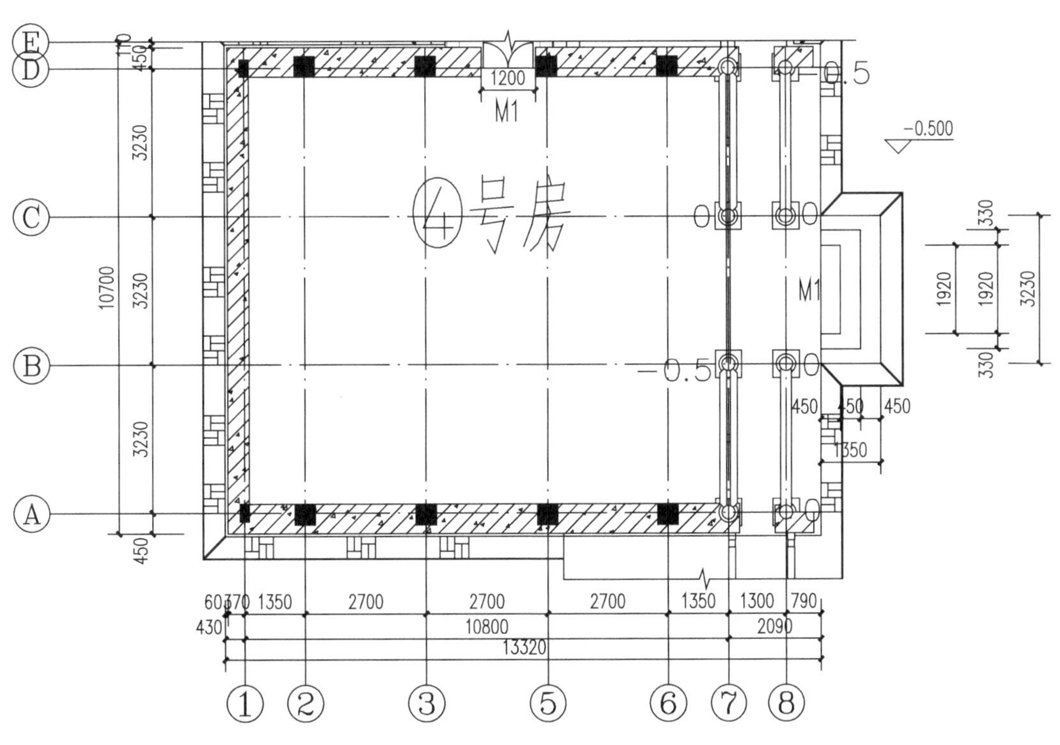

三号房柱础石高差检测图

测量结果表明，各柱础石顶部基本不存在相对高差。

5. 结构安全性鉴定

5.1 评定方法和原则

依据现行《房屋结构综合安全性鉴定标准》（DB11/637—2015），对现使用功能下的结构安全性进行鉴定，给出安全性的鉴定评级。材料强度、结构平面布置、荷载取值、计算参数等依据检测结果、原设计及现行规范。

5.2 子单元安全性鉴定评级

地基基础安全性

因房屋已使用多年，墙体未发现因不均匀沉降导致的裂缝及倾斜，根据《房屋结构综合安全性鉴定标准》（DB11/637—2015）第5.3.1条、第5.3.2条、第5.3.3条，本结构地基基础安全性等级按上部结构反应的检查结果评为A_u级。

上部承重结构

（1）砌体承重墙安全性鉴定

1）承载能力：砌体墙受压验算结果见附图2，砌体墙受压承载力均满足标准要求，砌体墙的承载能力项评定为a_u级。

2）变形与损伤：经检测，砌体墙未发现明显的裂缝和其他损伤，此项均评定为a_u级。

砌体墙的安全性等级评为A_u级。

（2）混凝土柱安全性鉴定

经检测，混凝土柱不存在明显的倾斜及裂缝，尺寸及钢筋配置满足原设计要求，混凝土柱的安全性等级评为A_u级。

（3）钢梁安全性鉴定

经检测，钢梁未发现存在明显锈蚀、变形或其他缺陷，尺寸满足原设计要求，钢梁的安全性等级评为A_u级。

（4）混凝土屋面板安全性鉴定

经检测，混凝土屋面板未出现明显裂缝及渗漏痕迹，混凝土板的安全性等级评为A_u级。

根据《房屋结构综合安全性鉴定标准》（DB11/637—2015）第3.4.2条，上部承重结构的安全性等级评为A_u级。

围护系统安全性评定

围护系统主要包括自承重墙体、屋面等构件。

墙体未发现存在明显开裂，风化及变形，该项目均评定为A_u级；

屋面未见明显破损现象，该项目均评定为A_u级。

综合评定该单元围护系统的安全性等级均为 A_u 级。

5.3 鉴定单元安全性评级

综合上述，根据《房屋结构综合安全性鉴定标准》(DB11/637—2015)，鉴定单元的安全性等级评为 A_{su} 级，安全性符合本标准对 A_{su} 级的要求，不影响整体承载。

第七章　同乐堂东侧会客厅结构安全检测鉴定

1. 建筑概况

1.1 建筑简况

同乐堂坐落于北京市海淀区玉渊潭东侧钓鱼台国宾馆内，同乐堂东侧会客厅位于同乐堂正殿的东侧，为一会客厅，被检测部分建筑占地面积约 80 平方米。建筑本体共一层，面阔 3 间，进深 1 间，北侧有廊。

1.2 现状立面照片

同乐堂东侧会客厅正立面

同乐堂东侧会客厅侧立面

2. 建筑测绘图纸

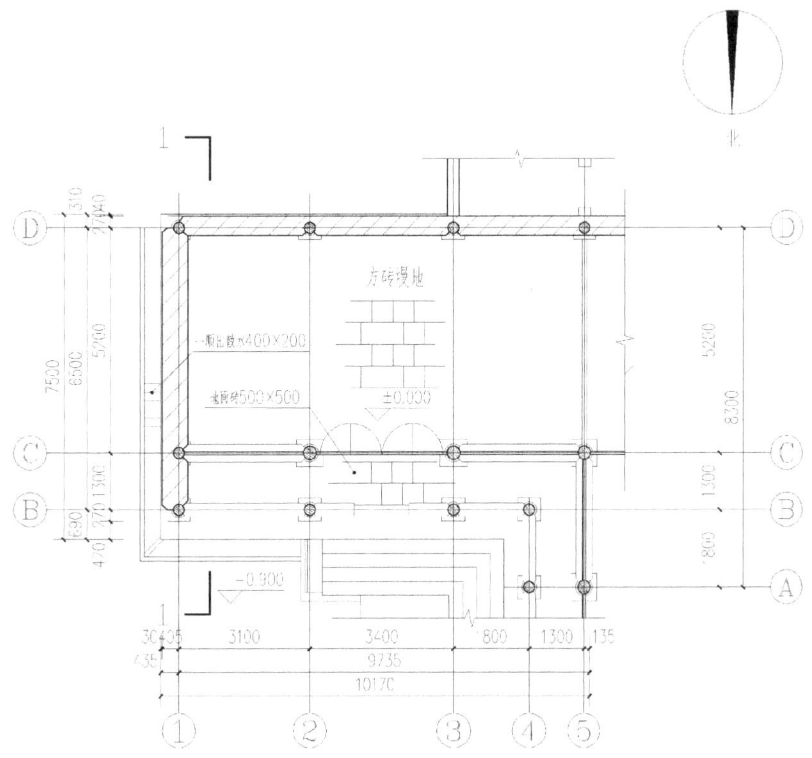

同乐堂东侧会客厅平面测绘图

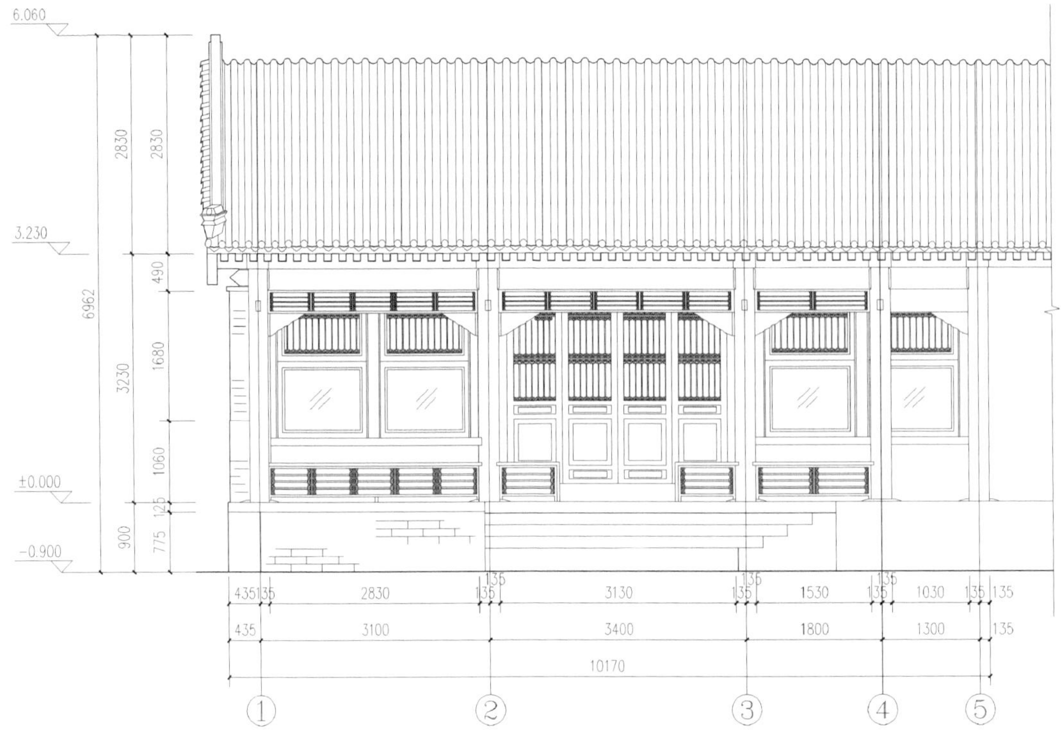

同乐堂东侧会客厅北立面测绘图

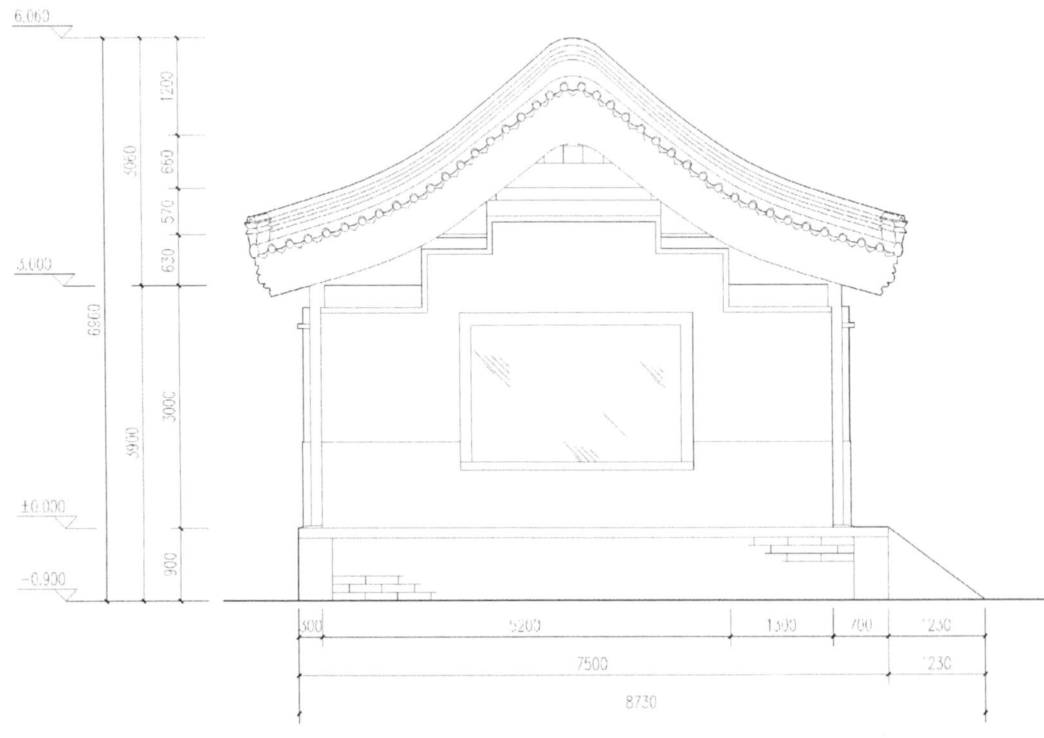

同乐堂东侧会客厅东立面测绘图

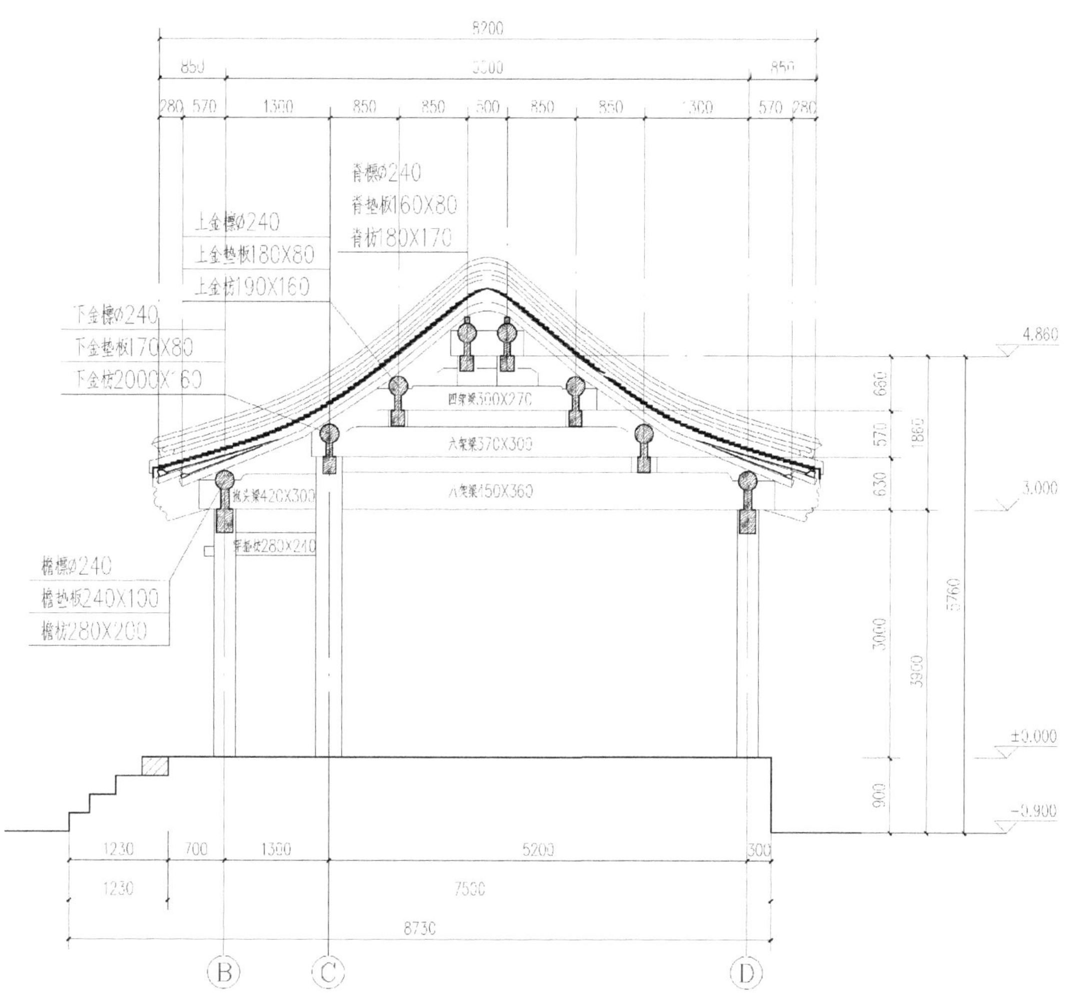

同乐堂东侧会客厅剖面测绘图

3. 地基基础岩土勘察

3.1 勘查技术方法及工作量

勘察技术方法

根据已初步掌握资料可知，勘察场区地层主要为人工回填土和第四系覆盖层。结合土层结构特征、岩性特点，确定勘察方法。本工程拟采取地质调查、钻探等调查方法。

钻探工作：本次勘察采用洛阳铲，轻型圆锥动力触探试验等原位测试，岩土层终孔深度应满足设计要求。

地质调查：按照《岩土工程勘察规范》（GB50021—2001）（2009 年版）进行。

勘察工作量

测量工作量表

测量项目	钻孔定位	平面位置测量	地面高程测量
工作量（组日）	1	1	1

钻探工作量表

地层分布	单位	土层
孔深	（米）	8.0
钻孔类型		技术性钻孔
孔数	（孔）	3
进尺	（米）	24
轻型圆锥动力触探试验 N_{10}	（米）	12.2

3.2 现状总体情况

同乐堂东侧会客厅因周围环境影响，南侧墙体沿砖缝出现纵向贯穿性裂缝，东侧及东北部墙体均出现不同程度的沉降。初步判定为同乐堂东侧会客厅为柱下扩展基础。

未发现针对同乐堂东侧会客厅的修缮记录。

3.4 工程地质条件

地形地貌

同乐堂位于北京市钓鱼台国宾馆园内，场地地势略有起伏，场地东侧为人工湖泊。

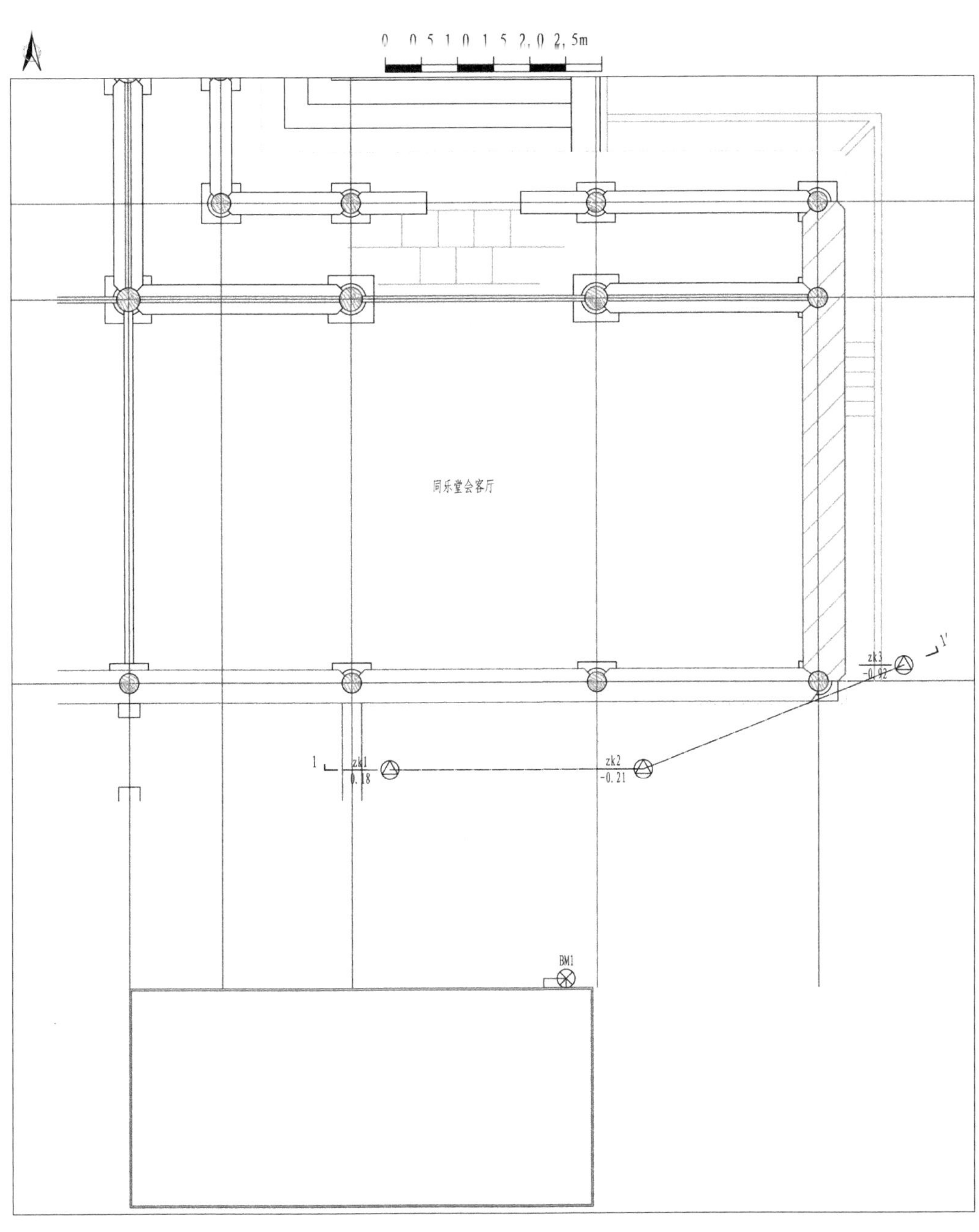

图例

zk1 / 483.60 ○ 钻孔编号 / 孔口高程 钻孔

BM1 ⊗ 孔口高程测量相对基准点，高程假设为0.00m。

轻型圆锥动力触探试验孔

1 ⌊ ⌋ 1′ 剖线

同乐堂东侧会客厅钻孔平面布置图

场区地形地貌（一）

场区地形地貌（二）

地层岩性

本次勘察区域范围内，根据地质勘察原始记录和地质调查可知，场区深部地层为第四系（Q_4）粉质粘土、粘质粉土、粉质砂土、细砂，上部为人工填土。最大孔深 8 米，主要分为 3 个主层，6 个亚层，按地层时代由上至下分述如下：

①层人工填土，该层分为杂填土①$_1$层、素填土①$_2$层两个亚层。

杂填土①$_1$层：杂色，稍湿，松散，主要为砖块、石块等建筑垃圾。该层厚度约为 1.9 米，层底相对高程为 –2.81 米。

素填土①$_2$层：褐色，稍湿，松散，主要为粘质粉土，混砖屑。该层厚度为 1.0 米～1.40 米，层底相对高程为 –1.22 米～–1.21 米，承载力标准值为 f_{ka}=100 千帕。

②层：该层分为粉质粘土②$_1$层、粉质粘土②$_2$层、粘质粉土②$_3$层、砂质粉土②$_4$层 4 个亚层。

粉质粘土②$_1$层，黄褐色，呈湿、可塑状态，中高压缩性。该层厚度为 0.70 米～1.60 米，层底相对高程约为 –2.81 米～–1.92 米，承载力标准值为 f_{ka}=160 千帕。

粉质粘土②$_2$层，黄褐色，呈很湿、软塑状态，高压缩性。该层厚度为 0.50 米～1.0 米，层底相对高程约为 –3.82 米～–3.31 米，承载力标准值为 f_{ka}=100 千帕。

粘质粉土②$_3$层，黄褐色，呈湿、中密状态，中高压缩性。该层厚度约为 1.20 米，层底相对高程约为 –3.21 米，承载力标准值为 f_{ka}=170 千帕。

砂质粉土②$_4$层，黄褐色，呈湿、中密状态，中高压缩性。该层厚度为 0.20 米～1.0 米，层底相对高程约为 –4.31 米～–3.52 米，承载力标准值为 f_{ka}=170 千帕。

③细砂层，褐黄色，呈稍湿、密实状态，主要矿物为石英、长石，含云母。该层最大揭示厚度为 4.9 米，承载力标准值为 f_{ka}=250 千帕。

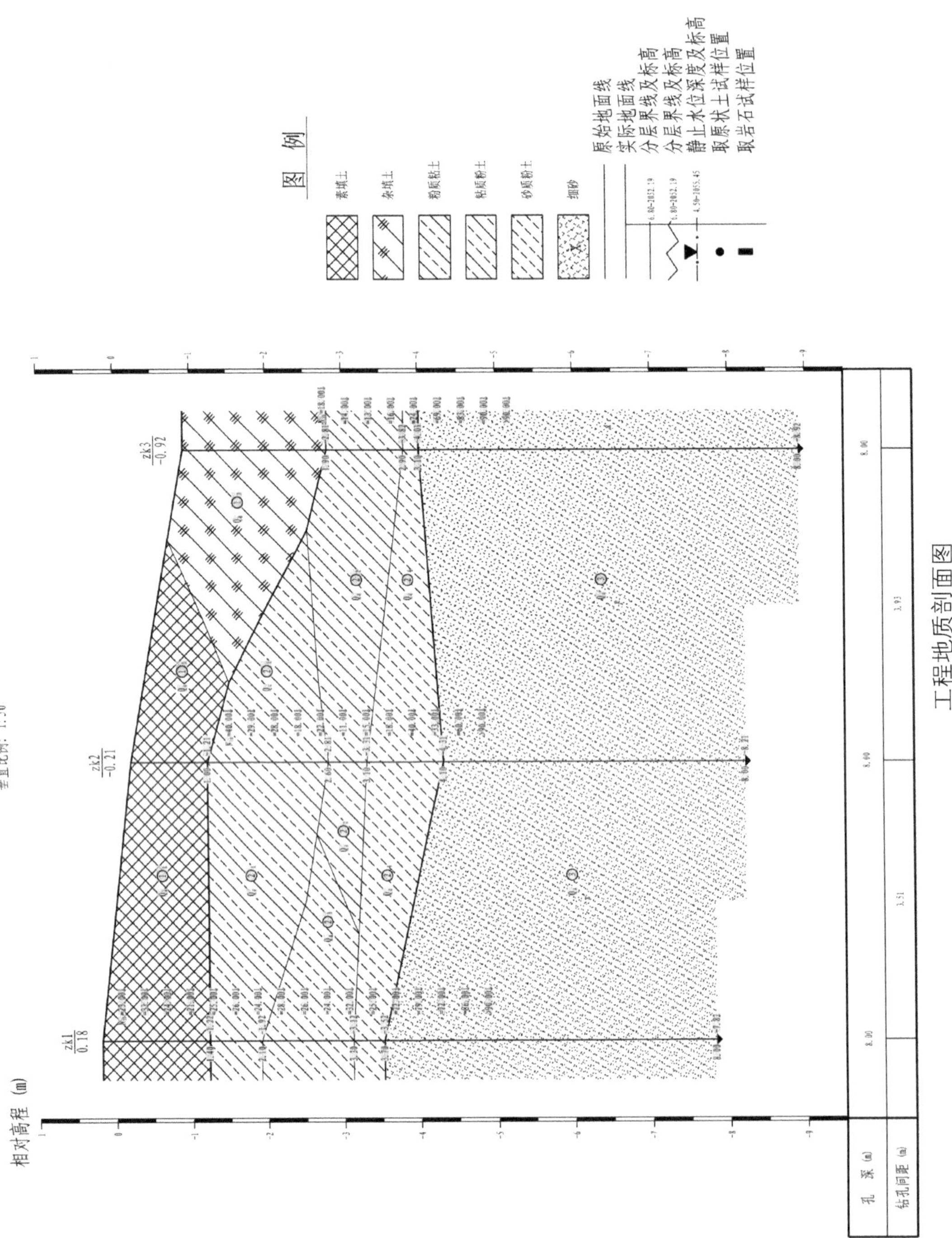

图例
素填土
杂填土
粉质粘土
粘质粉土
砂质粉土
细砂
原始地面线
实际地面线
分层界线及标高
分层界线及标高
静止水位深度及标高
取原状土试样位置
取岩石试样位置
水平比例: 1:50
垂直比例: 1:50
相对高程 (m)
zk1
0.18
zk2
-0.21
zk3
-0.92
孔深 (m)
钻孔间距 (m)

工程地质剖面图

物理力学指标

各土层主要物理力学指标建议值表

地质时代	土层名称	ρ（克 / 立方厘米）	C（千帕）	ϕ（°）	Es（兆帕）	fka（千帕）
第四系	$①_2$素填土	1.80	20	15	3	100
第四系	$②_1$粉质粘土	1.85	28	18	6	160
第四系	$②_2$粉质粘土	1.80	19	17	3	100
第四系	$②_3$粘质粉土	1.92	6	23	7	170
第四系	$②_4$砂质粉土	1.93	5	27	7	170
第四系	③细砂	1.95	0	36	14	250

注：上述各项物理力学指标均为经验值。

地下水埋藏情况及腐蚀性评价

本次勘察范围内未见地下水，可不考虑地下水对修缮工程施工的影响。

场地和地基的地震效应

（1）地震影响基本参数

根据“北京地区设计基本地震加速度分区示意图”和《建筑抗震设计规范》（GB50011—2010）（2016 年版）附录 A“我国主要城镇抗震设防烈度、设计基本地震加速度和设计地震分组”及《中国地震动参数区划图》（GB18306—2015）图 A1、B1，本场地设计地震分组为第二组，场地抗震设防烈度为 8 度，基本地震动峰值加速度值为 0.20g，基本地震动加速度反应谱特征周期值为 0.40 秒。

（2）场地土类型及建筑场地类别

根据《建筑抗震设计规范》（GB50011—2010）（2016 年版），判定本场地土属中软土；该场区的场地类型为Ⅲ类。

（3）地基土层地震液化势判别

根据本次勘察所取得的场区地层资料、相关土层的试验测试数据，依据《建筑抗震设计规范》（GB50011—2010）（2016 年版）的相关规定，判定不存在液化土层。

（4）建筑抗震地段类别

拟建场地的建筑抗震地段类别划分为对建筑抗震一般地段。

同乐堂东侧会客厅现状及基础情况

同乐堂东侧会客厅南墙东侧、东墙、北墙东侧具有不同程度的下沉，南墙出现裂缝，现维持原状，未进行任何防护措施。同乐堂东侧会客厅基础形式为柱下扩展基础。

3.5 病害分析

病害现状

同乐堂东侧会客厅南墙出现纵向裂缝的病害。

同乐堂东侧会客厅后檐墙

病害机理

根据勘测数据及地质调查分析，由于同乐堂东侧会客厅地基土质不均匀，造成地基不均匀沉降，从而导致裂缝产生。

病害原因分析

同乐堂东侧会客厅地基基础不均匀沉降是病害产生的主要原因，由于同乐堂东侧会客厅基底岩性、承载力等存在差异，且建筑物东侧离湖泊较近，加之湖泊水的轻微渗诱使基底粉质粘土变软，致使东墙发生沉降，而南墙中柱处地基变形相对较小，在拉应力的作用下，随着时间的推移，使南墙中柱上部拉应力逐渐增大，最终导致南墙出现开裂，形成上宽下窄的裂缝。

3.6 结论与建议

结论

根据病害调查取得的现有资料和成果，同乐堂东侧会客厅病害的主要原因是基础不均匀沉降。

建议

建议采用高压灌浆或坑式静压桩对同乐堂东侧会客厅地基基础进行加固处理。

4. 地基基础雷达探查

采用地质雷达对结构地基基础进行探查。雷达天线频率为 300 兆赫，雷达扫描路线示意图、结构详细测试结果如下：

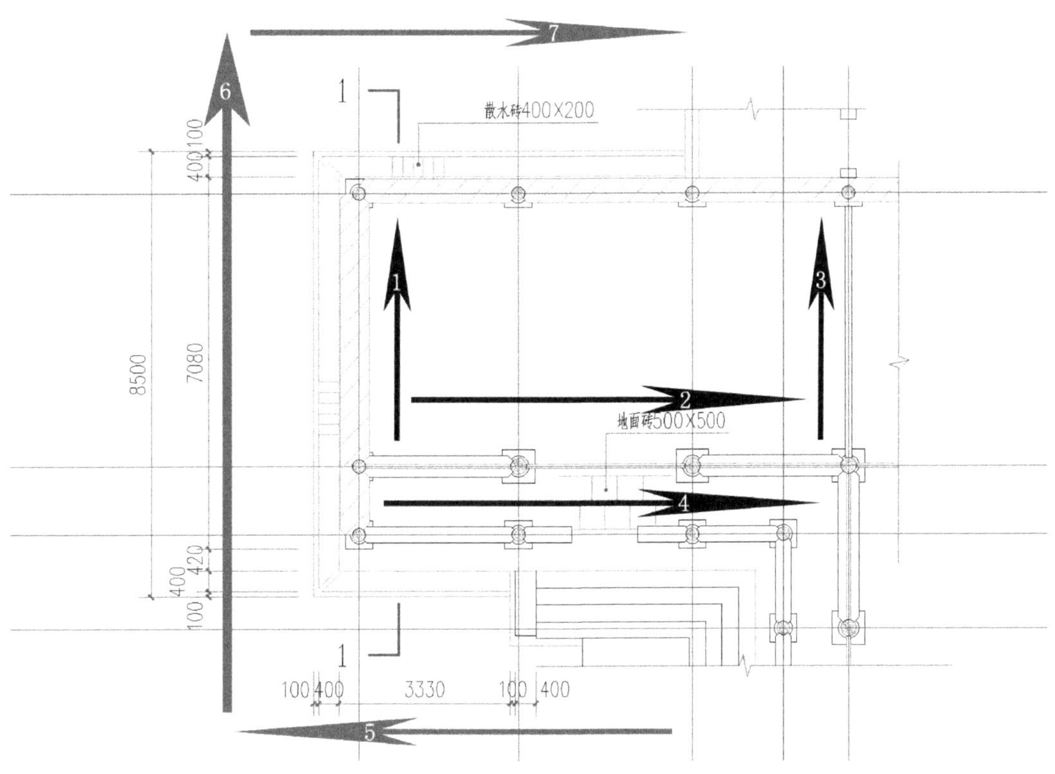

雷达扫描路线示意图

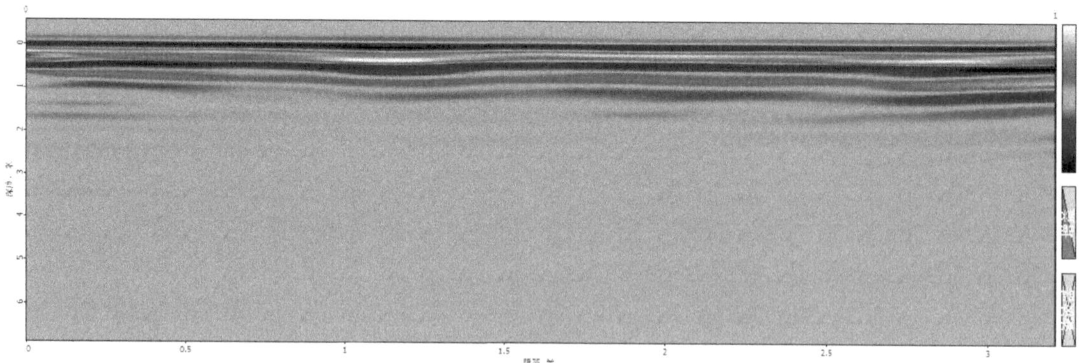

路线 1 雷达测试图

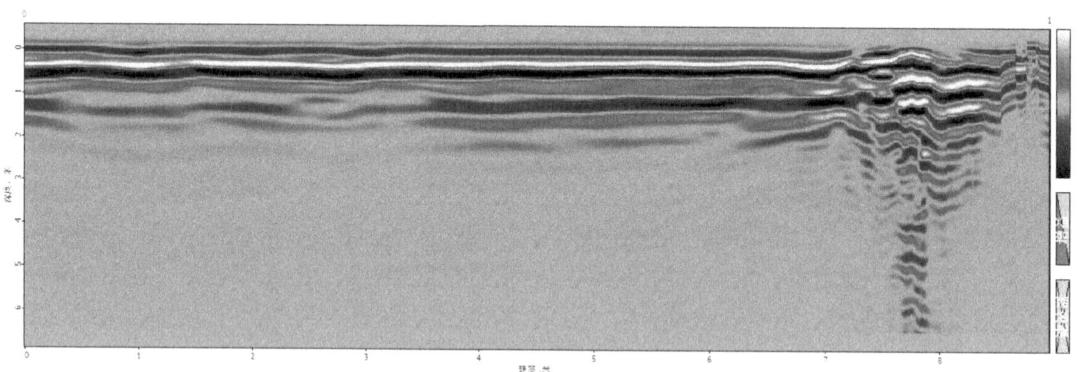

路线 2 雷达测试图

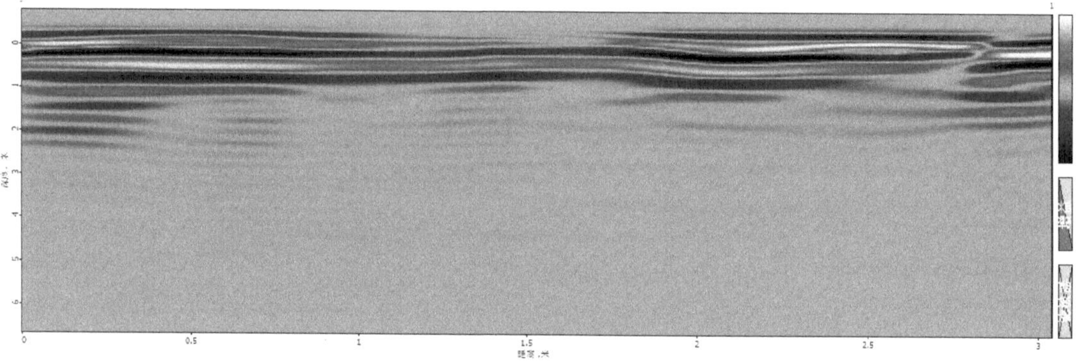

路线 3 雷达测试图

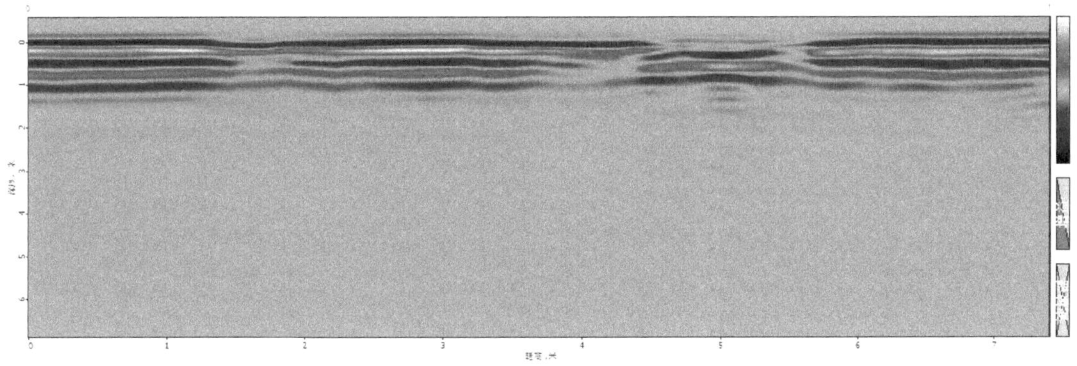

路线 4 雷达测试图

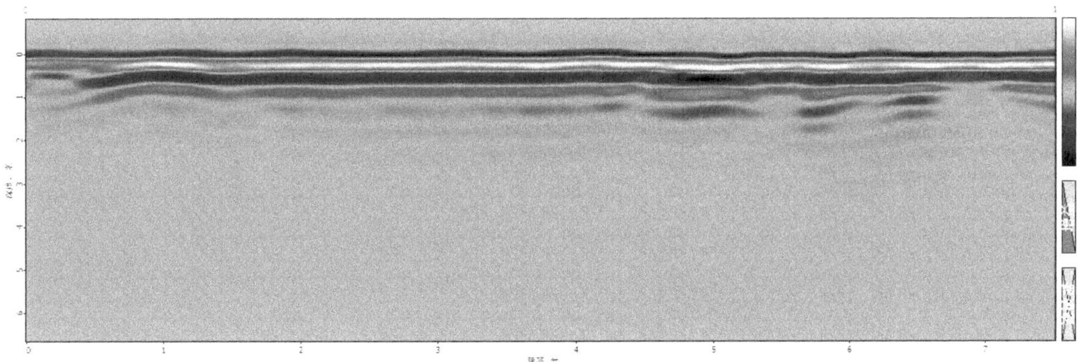

路线 5 雷达测试图

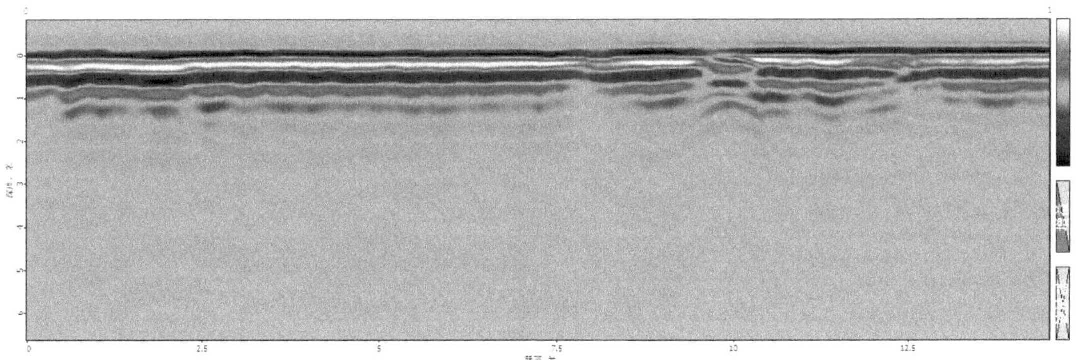

路线 6 雷达测试图

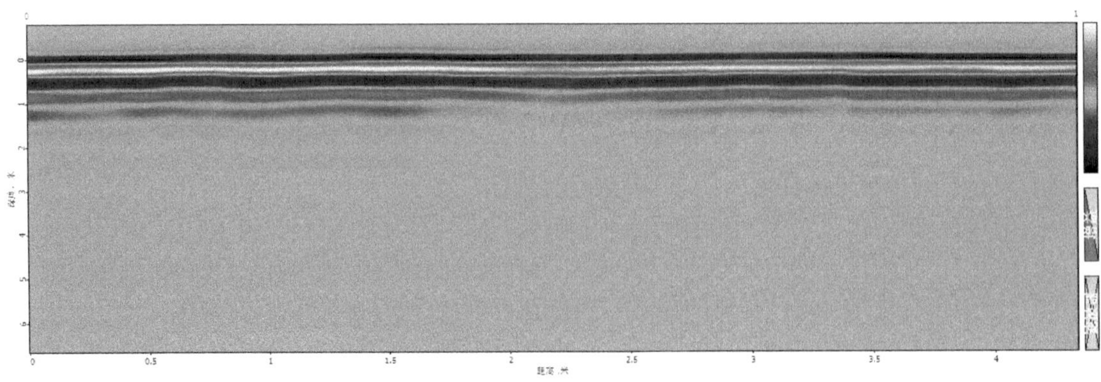

路线 7 雷达测试图

地面上方平整、均匀，地面下方地基雷达反射波基本平直连续，基本平整、均匀，没有明显空洞等缺陷。

地基雷达反射波大部分平直连续，局部不连续，局部存在小空鼓及裂隙等缺陷。

路线 2 后半部分，出现地基雷达反射波异常现象是因为地下存在管线沟。

由于地面无法开挖与雷达图像进行比对，解释结果仅作为参考。

5. 结构外观质量检查

5.1 地基基础

经现场检查，台基未见明显损坏，前檐上部结构未见因地基不均匀沉降而导致的明显裂缝和变形，后檐上部结构出现因地基不均匀沉降而产生的明显裂缝和变形，建筑的地基基础未见明显开裂、塌陷现象，建筑前后檐台基高差达到了 30 毫米以上。台基现状如下图：

同乐堂东侧会客厅北侧台基

同乐堂东侧会客厅东侧台基

5.2 围护系统

经现场检查，建筑前檐墙体结构基本完好，墙体表面轻微风化，没有明显的开裂和鼓闪变形。建筑后檐墙体存在明显竖向裂缝，裂缝整体长度达到 2300 毫米，裂缝最大处为 13.44 毫米，裂缝最小处为 2.56 毫米，现状如下图：

同乐堂东侧会客厅前檐东墙体

同乐堂东侧会客厅前檐西墙体

同乐堂东侧会客厅前檐西侧转角墙体现

同乐堂东侧会客厅东立面墙体

同乐堂东侧会客厅后檐墙体

同乐堂东侧会客厅后檐墙竖向裂缝长度 2300 毫米

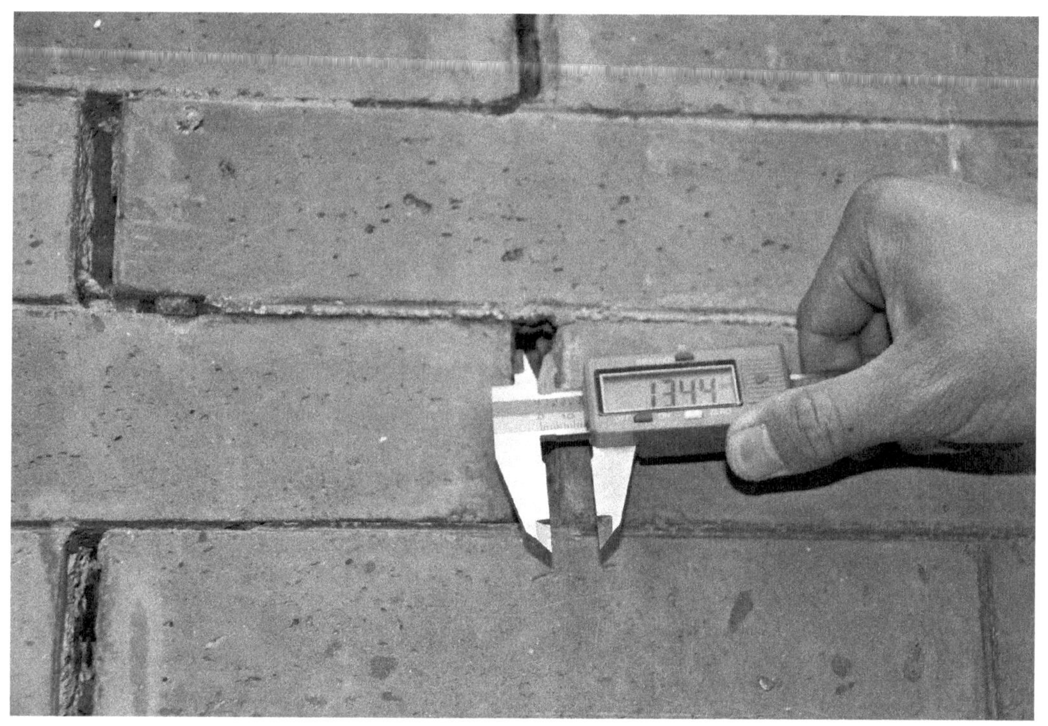

同乐堂东侧会客厅后檐墙竖向裂缝 13.44 毫米

同乐堂东侧会客厅后檐墙竖向裂缝最大处为 19.34 毫米

同乐堂东侧会客厅后檐墙竖向裂缝最小处为 2.56 毫米

5.3 屋面结构

经现场检查，建筑前后檐屋面结构基本完好，前檐未见明显的局部瓦件缺失或出现破损现象，未见明显渗漏现象；后檐存在明显的局部瓦件缺失和破损现象，椽子有过水痕迹；东山面博风板局部出现竖向裂缝，屋面现状如下图：

同乐堂东侧会客厅前檐屋面

同乐堂东侧会客厅后檐屋面

同乐堂东侧会客厅后檐屋面瓦缺失、椽子有过水痕迹

同乐堂东侧会客厅后檐屋面瓦破损

同乐堂东侧会客厅东山面屋面

5.4 木构架

对同乐堂东侧会客厅具备检测条件的木构架进行检查，经检查，木构架存在的残损现象主要有：

（1）部分梁、枋、檩等构件存在干缩裂缝；

（2）部分梁构件连接处存在裂缝；

（3）部分榫卯出现拔榫现象；

（4）部分瓜柱卯口下方存在劈裂现象。

木构架残损现状如下：

构件残损情况表

项次	残损项目	残损部位
1	面层干缩裂缝	1–C 柱上方六架梁出头处
2	面层干缩裂缝	1–B 柱、1–C 柱之间山花板
3	面层开裂	东次间望板
4	竖向干缩裂缝	2–C 柱上方六架梁出头处
5	干缩裂缝	2–C 西侧金檩
6	面层开裂	明间望板
7	干缩裂缝	3–C 柱上方六架梁出头处
8	面层开裂	西次间望板
9	开裂	2–C–D 轴八架梁北段
10	开裂	3–C 柱上方八架梁
11	竖向裂缝	4–C–D 轴八架梁北段
12	开裂	3–D 柱上方八架梁
13	开裂	2–D 柱上方八架梁
14	竖向开裂	1–C–D 轴八架梁北段
15	拔榫	2–3–C–D 轴之间南侧下金檩东侧
16	干缩裂缝	1–2–D 轴下金檩
17	贯通裂缝	2–C–D 轴八架梁（开裂墙体上部）
18	贯通裂缝	2–3–C–D 轴上金枋
19	劈裂	2–C–D 轴二架梁下脊瓜柱
20	劈裂	3–C–D 轴二架梁下脊瓜柱
21	贯通裂缝	2–3–C–D 轴脊檩及脊枋
22	贯通裂缝	2–C–D 轴二架梁
23	纵向贯通劈裂	2–C–D 轴六架梁下金瓜柱
24	贯通裂缝	5–C–D 轴二架梁
25	贯通裂缝	5–C–D 轴四架梁
26	纵向干缩裂缝	5–C–D 轴二架梁下脊瓜柱
27	贯通裂缝	3–5–D 轴上金檩

同乐堂东侧会客厅 1-C 柱上方六架梁出头处

同乐堂东侧会客厅 1-B 柱和 1-C 柱之间山花板

同乐堂东侧会客厅东次间东段望板

同乐堂东侧会客厅东次间西段望板

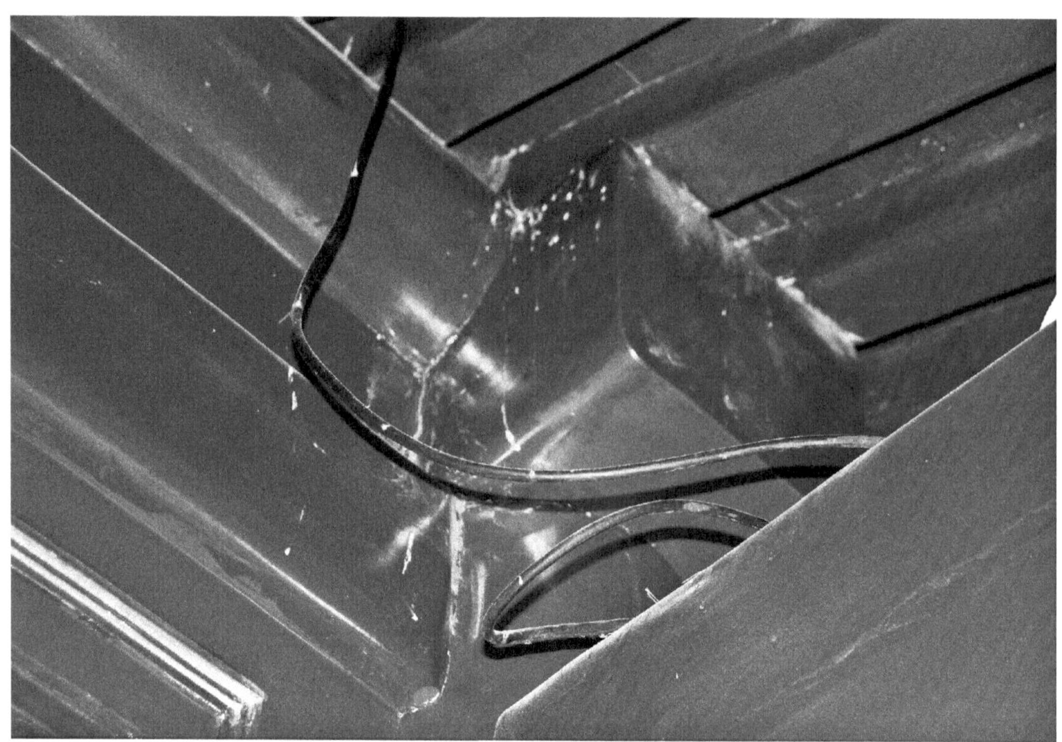

同乐堂东侧会客厅 2-C 柱上方六架梁出头处

同乐堂东侧会客厅 2-C 柱西侧金檩

同乐堂东侧会客厅明间东段望板

同乐堂东侧会客厅明间西段望板

同乐堂东侧会客厅 3-C 柱上方六架梁出头处

同乐堂东侧会客厅西次间东段望板

同乐堂东侧会客厅西次间西段望板

同乐堂东侧会客厅 2-C-D 轴八架梁北段

同乐堂东侧会客厅 3-C 柱上方八架梁

同乐堂东侧会客厅 4-C-D 轴八架梁北段

同乐堂东侧会客厅 3-D 柱上方八架梁东侧

同乐堂东侧会客厅 3-D 柱上方八架梁西侧

同乐堂东侧会客厅 3-D 柱上方八架梁西侧细部

同乐堂东侧会客厅 2-D 柱上方八架梁

同乐堂东侧会客厅 2-D 柱上方八架梁东侧

同乐堂东侧会客厅 1-C-D 轴八架梁北段

同乐堂东侧会客厅 2-3-C-D 轴之间南侧下金檩东侧拔榫

同乐堂东侧会客厅 1-2-D 轴下金檩干缩裂缝

同乐堂东侧会客厅 2-C-D 轴八架梁贯通大裂缝（开裂墙体上部）

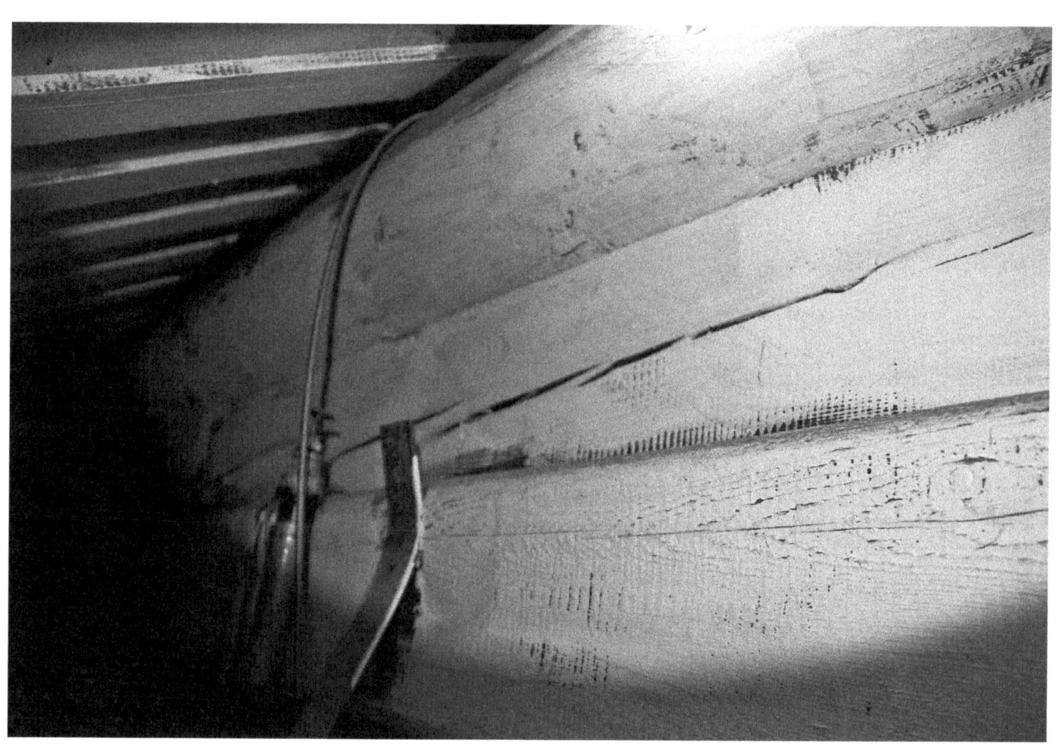

同乐堂东侧会客厅 2-3-C-D 轴上金枋断续贯通裂缝

同乐堂东侧会客厅 2-C-D 轴二架梁下脊瓜柱劈裂

同乐堂东侧会客厅 3-C-D 轴二架梁下脊瓜柱劈裂

同乐堂东侧会客厅 2-3-C-D 轴脊檩及脊枋断续贯通裂缝（一）

同乐堂东侧会客厅 2-3-C-D 轴脊檩及脊枋断续贯通裂缝（二）

同乐堂东侧会客厅 2-C-D 轴二架梁贯通大裂缝

同乐堂东侧会客厅 2-C-D 轴六架梁下金瓜柱纵向贯通劈裂

同乐堂东侧会客厅 5-C-D 轴二架梁贯通裂缝

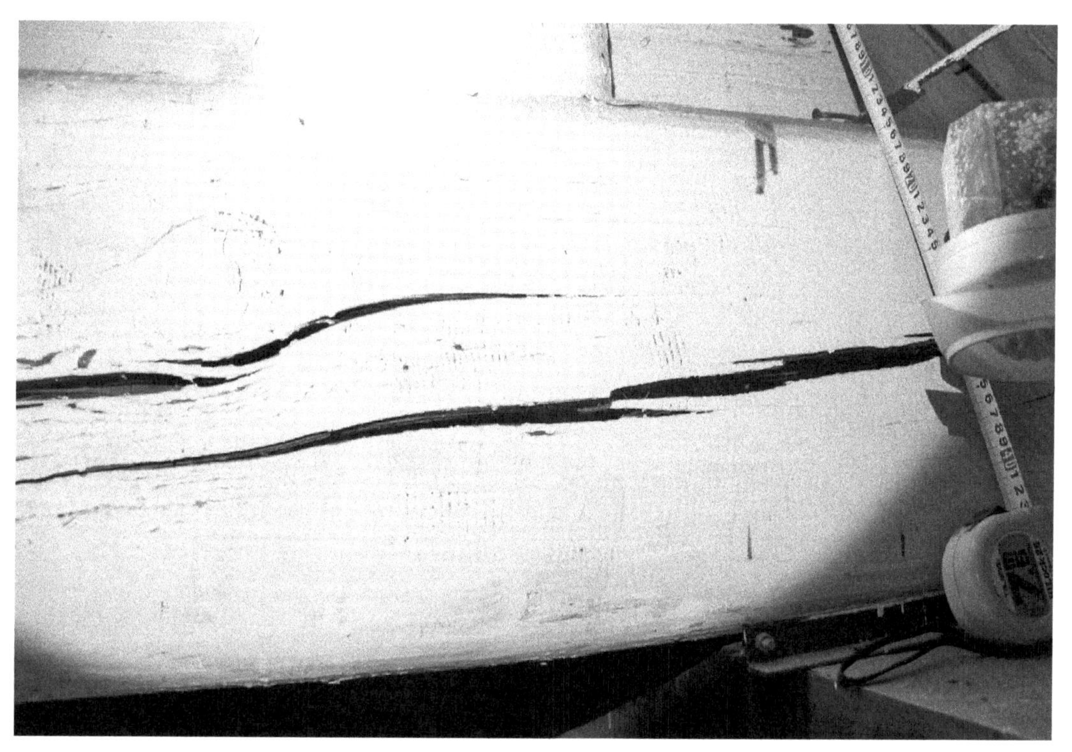

同乐堂东侧会客厅 5-C-D 轴四架梁贯通裂缝

同乐堂东侧会客厅 5-C-D 轴二架梁下脊瓜柱纵向干缩裂缝

同乐堂东侧会客厅 3-5-D 轴上金檩贯通裂缝

同乐堂东侧会客厅 1-C-D 轴梁架

同乐堂东侧会客厅 2-C-D 轴梁架

同乐堂东侧会客厅 3-C-D 轴梁架

同乐堂东侧会客厅 5-C-D 轴梁架

5.5 木构架局部扭转

取梁底部在同一剖面位置东西方向的两处分别进行扫平，两端的相对高差可表明梁的扭转程度；取梁底部同一侧（东侧或西侧）南北两处进行扫平，根据两端高差可分析出梁的现状整体趋势，测量位置示意及高差数据如下：

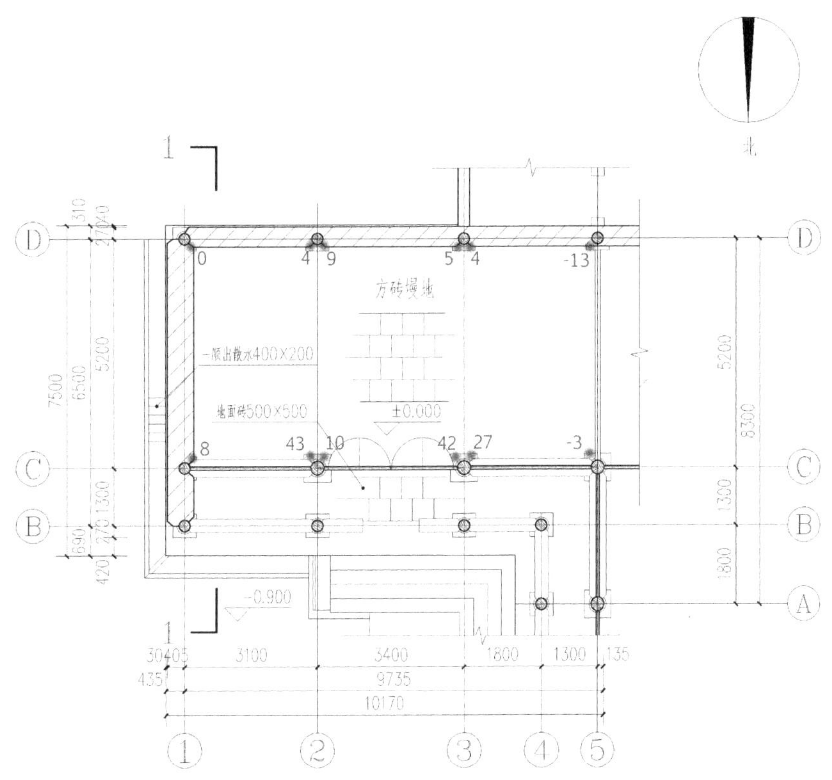

同乐堂东侧会客厅测量位置示意及高差数据图

2-C 处梁底部东、西两侧高差最大，差值为 33 毫米（东侧比西侧高 33 毫米），存在严重扭转现象；3-D 处梁底部东西两侧高差最小，差值为 1 毫米（东侧比西侧高 1 毫米）。

根据数值可得出①、②、③、⑤轴梁架整体皆呈现北高南低的趋势。

5.6 台基相对高差测量

现场对建筑台基上表面的相对高差进行了测量，测量结果如下：

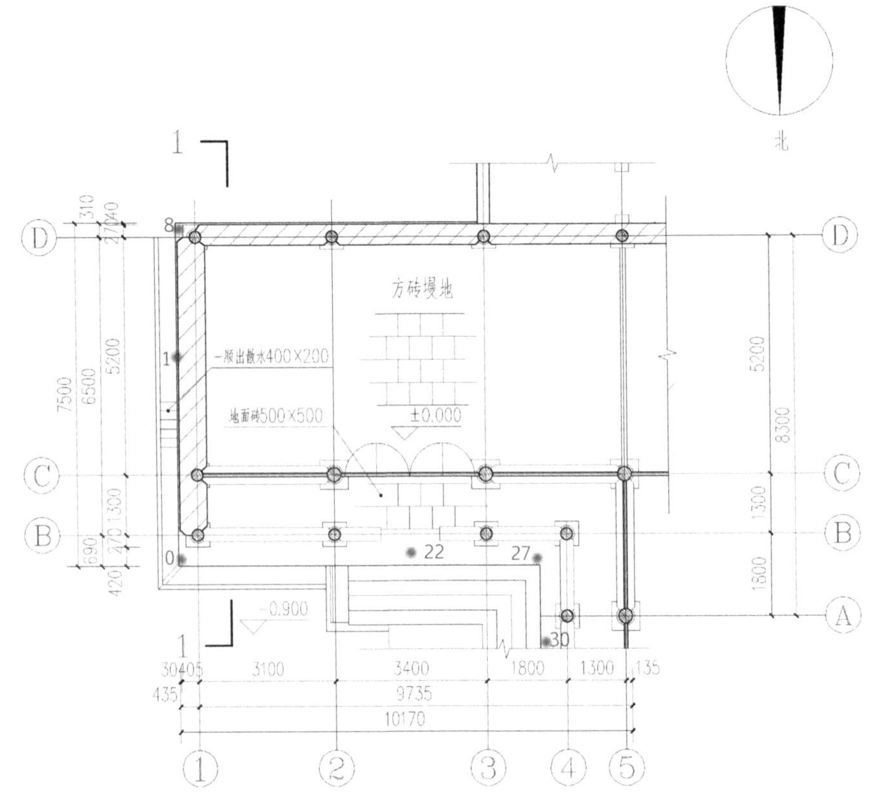

同乐堂东侧会客厅台基上表面高差检测图

测量结果表明，各被测量点之间存在一定的相对高差，其中近4-A柱附近台基最高，与近1-B柱附近台基之间的相对高差最大，为30毫米，东墙存在一定的沉降现象。经现场勘察，地基基础发生不均匀沉降，且结构存在因地基不均匀沉降而导致的明显损坏现象，应及时对地基基础进行加固处理，并注意观察。

6. 木结构材质状况勘察

6.1 勘察概述

勘查目的

主要对木结构进行无（微）损检测，评价其材质状况（腐朽、开裂、断裂等），从而为古建筑维护选材提供依据。

勘查方法

在条件具备的情况下，通过观测、敲击和简单工具对该建筑单体所有能触及的木构件进行普查，记录木构件的材质状况，包括含水率概况，开裂、腐朽等，对存在问题的木构件选择性进行取样。

抽查部分裸露的木柱进行阻力仪深层探测，以抽查目测存在缺陷、含水率较高或敲击异常的木柱为主。

阻力仪检测结果说明

此次对木结构材质状况的勘查主要分为以下两个步骤：木构件材质状况普查和主要承重构件的深层检测。建筑单体的普查是通过目测、敲击和部分工具对该建筑单体所有能触及的木构件进行整体检测，记录木构件的材质状况；深层检测是在普查的数据基础上，利用无损检测仪器对部分存在问题的立柱构件进行深层分析。用于本次深层检测的仪器为阻力仪。

6.2 含水率检测结果

通过观测、敲击和简单工具对该建筑单体所有能触及的木构件进行普查，记录木构件的材质状况，包括含水率概况，开裂、腐朽等，对存在问题的木构件进行深层探测。

木构件含水率检测数据表

序号	木构编号	木构件含水率（0.2 米）	木构件含水率（1.2 米）
1	A–4	3.6%	3.5%
2	A–5	4.4%	4.6%
3	B–1	3.6%	2.7%
4	B–2	4.7%	4.9%
5	B–3	4.5%	4.2%
6	B–4	5.2%	4.6%
7	C–1	—	3.9%
8	C–2	3.9%	3.9%
9	C–3	3.6%	4.4%
10	C–5	—	4.0%
11	D–1	2.4%	3.5%

据现场勘察：

（1）会客厅南侧 2–D、3–D、5–D 柱被埋于墙体中，无法进行含水率测试，其中 2–D 柱外侧墙体有明显的纵向贯通裂缝，裂缝最大宽度达 19.34 毫米，最小宽度 2.56

毫米，2-D 柱不可见，但其内部可能存在一定缺陷；

（2）会客厅北侧金柱及檐柱经勘查，各木构件含水率在 2.7%～5.2% 之间，不存在含水率测定数值非常异常的木构件，其中 4-B 柱通过锤子敲击立柱发现轻微空响，对该立柱进行微钻阻力仪测试。

6.3 阻力仪检测结果

同乐堂东侧会客厅木构件缺陷检测结果：

通过对立柱普查数据进行分析，选取以下立柱进行了阻力仪检测，结果表明立柱材质强度较高，内部未发现严重残损，具体检测信息如下。

微钻阻力仪检测图号表

编号	名称	位置	微钻阻力图位置	材质状况
NO.1	柱	B-4	0.2 米高	未发现严重残损

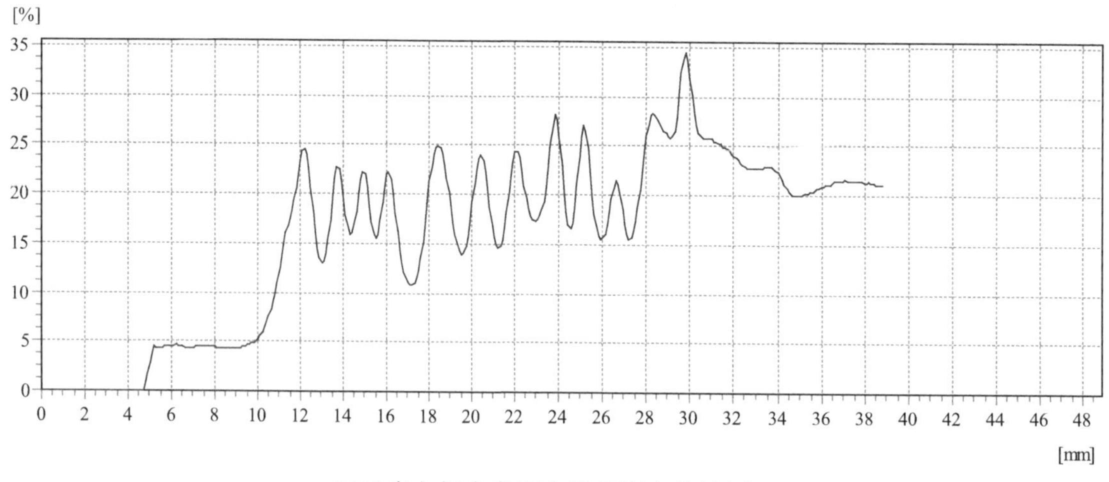

同乐堂东侧会客厅木构件阻力仪检测图

7. 结构安全鉴定

7.1 评定方法和原则

根据北京市地方标准《古建筑结构安全性鉴定技术规范 第 1 部分：木结构》DB11/T 1190.1—2015，古建筑安全性鉴定分为构件、子单元、鉴定单元 3 个项目。

首先根据构件各项目检查结果，判定单个构件安全性等级，然后根据子单元各项目检查结果及各种构件的安全性等级，判定子单元安全性等级，最后根据各子单元的安全性等级，判定鉴定单元安全性等级。

本次鉴定将委托鉴定的区域列为 1 个鉴定单元，每个鉴定单元分为地基基础、上部承重结构及围护系统 3 个子单元，分别对其安全性进行评定。

7.2 子单元安全性鉴定评级

地基基础

经检查，发现地基基础存在影响上部结构安全的不均匀沉降，没有明显裂缝和变形；建筑物上部结构的沉降裂缝发展明显，且砌体的裂缝宽度大于 10 毫米。本鉴定单元地基基础的安全性评为 D_u 级。

上部承重结构

（1）构件的安全性鉴定

木构件的安全性等级判定，应按承载能力、构造、不适于继续承载的位移（或变形）、裂缝、腐朽、虫蛀、天然缺陷、历次加固现状等检查项目，分别判定每一受检构件的等级，并取其中最低一级作为该构件的安全性等级。

1）木柱安全性评定

柱构件未发现存在明显的变形、裂缝及腐朽等残损现象，均评为 a_u 级。

经统计评定，柱构件的安全性等级为 A_u 级。

2）木梁架中构件安全性评定

梁构件存在明显开裂且多为横向贯通裂缝，上述梁构件评为 d_u 级；

多处檩、枋构件存在横向贯通裂缝，多处瓜柱纵向劈裂，其他檩枋椤木构件也存在轻微裂缝缺陷，评为 d_u 级。

经统计评定，梁构件的安全性等级为 D_u 级；檩、枋、椤木的安全性等级为 D_u 级。

（2）结构整体性安全性评定

1）整体倾斜安全性评定

经测量，1、2、3、5 轴梁架整体皆呈现北高南低的趋势，结构存在一定程度的整体倾斜，评为 B_u 级。

2）局部倾斜安全性评定

测量结果表明，各被测量点之间存在一定的相对高差，其中近 4-A 柱附近台基最高，与近 1-B 柱附近台基之间的相对高差最大，为 30 毫米，且发现结构存在因地基不均匀沉降而导致的明显损坏现象，局部倾斜综合评为 D_u 级。

3）构件间的联系安全性评定

纵向连枋及其连系构件的连接未出现明显松动，构架间的联系综合评为 A_u 级。

4）梁柱间的联系安全性评定

1 处榫卯节点存在拔榫现象，局部存在扭转现象，梁柱间的联系综合评定为 B_u 级。

5）榫卯完好程度安全性评定

榫卯材质基本完好，个别榫卯存在明显干缩裂缝，榫卯完好程度综合评定为 B_u 级。

综合评定该单元上部承重结构整体性的安全性等级为 D_u 级。

综上，上部承重结构的安全性等级评定为 D_u 级。

7.3 围护系统安全性评定

围护系统主要包括自承重墙体、屋面等构件。

墙体因地基不均匀沉降导致严重开裂，该项目评定为 D_u 级。

屋面结构基本完好，局部存在瓦件破损、缺失现象，有过水痕迹，未见明显渗漏现象，该项目评定为 B_u 级。

综合评定该单元围护系统的安全性等级为 D_u 级。

7.4 鉴定单元的鉴定评级

综合上述，根据北京市地方标准《古建筑结构安全性鉴定技术规范 第 1 部分：木结构》DB11/T1190.1—2015，鉴定单元的安全性等级评为 D_{su} 级，安全性严重不符合本标准对 A_{su} 级的要求，严重影响整体承载。

8. 处理建议

（1）建议补配缺失或破损瓦件；

（2）建议采用高压灌浆或坑式静压桩对同乐堂东侧会客厅地基基础进行加固处理；

（3）建议对劈裂及开裂程度相对较大的梁枋檩等构件进行加固修复处理。

附录：墙体承载力验算

1. 计算模型及参数确定

依据现场检测结果，采用 PKPM 软件（PKPM2010 版，编制单位：中国建筑科学研究院 PKPM CAD 工程部），建立结构计算模型，主要参数如下：

（1）材料强度按原设计强度等级，砖强度等级：75 号（MU7.5）；砂浆强度：50 号（M5.0）；混凝土强度等级：200 号（C18）。

（2）楼屋面荷载按实际情况并参照规范进行取值，附加恒载 5.0 千牛 / 平方米，活载 2.0 千牛 / 平方米。

2. 计算结果

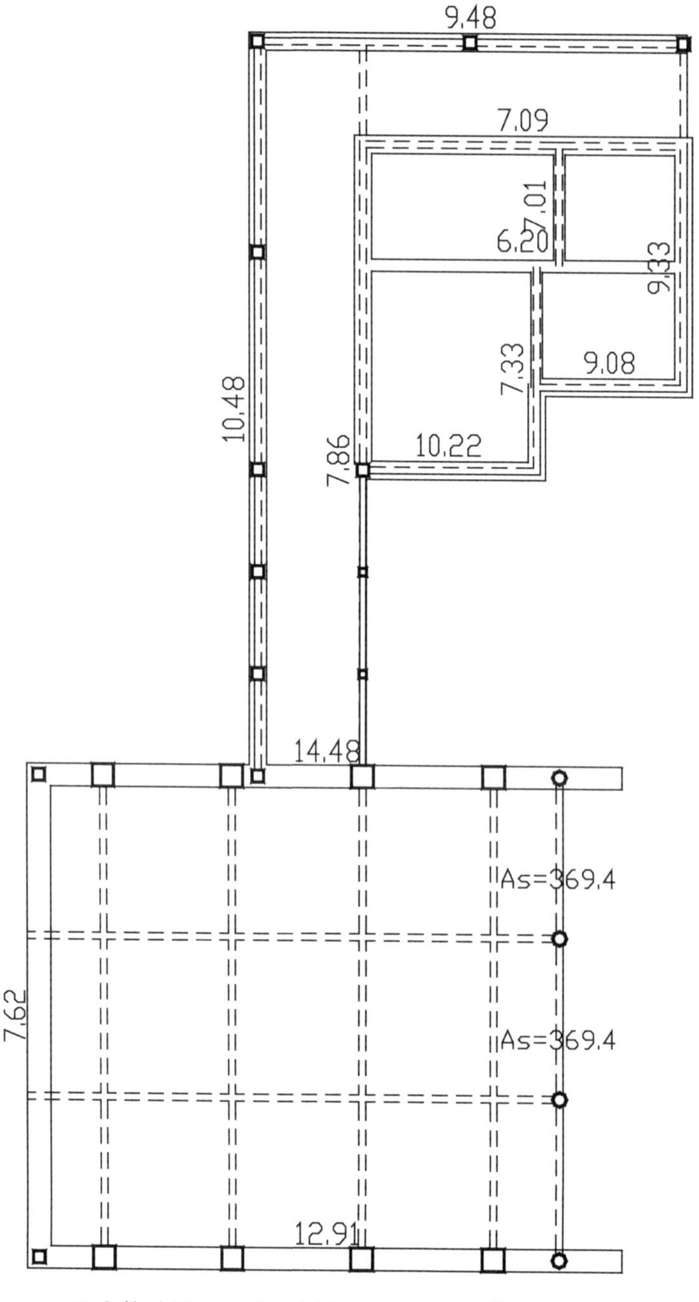

一层砌体墙受压承载力计算图（抗力与荷载效应之比）

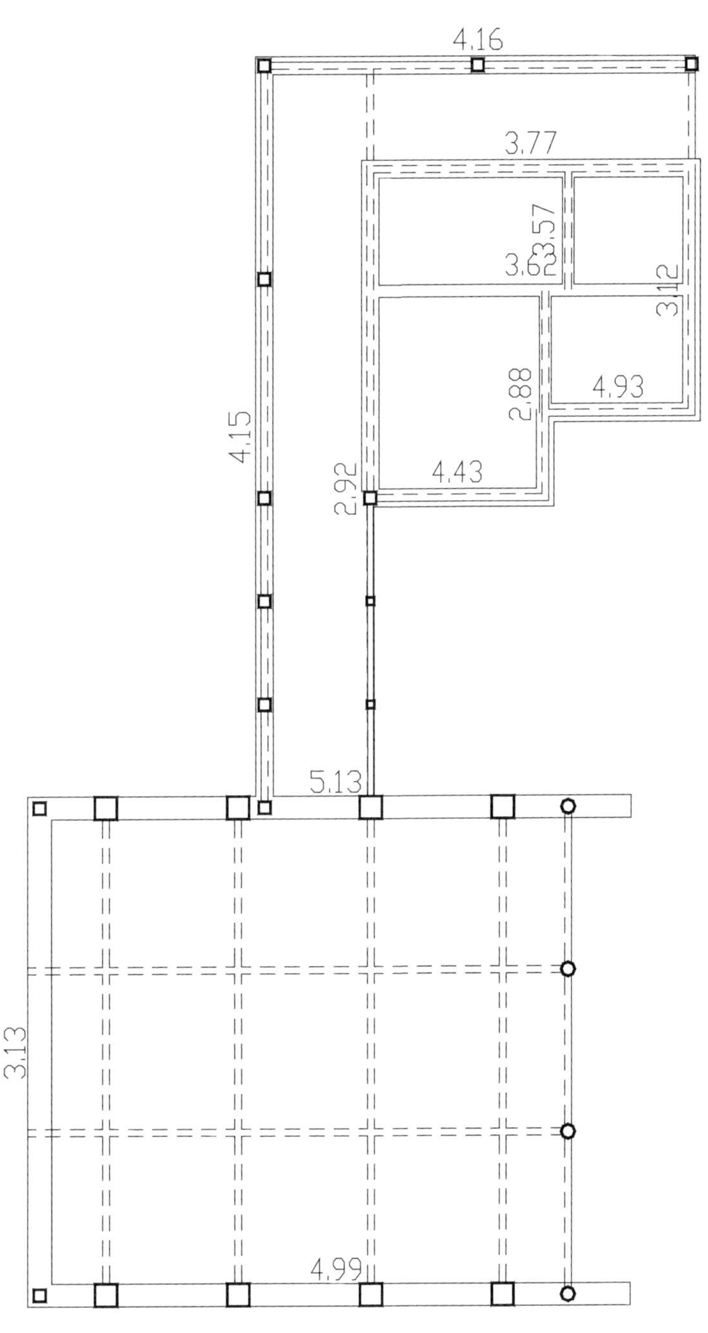

一层砌体墙抗震验算结果（抗力与荷载效应之比）

后　记

从此检测项目开始，许立华所长、韩扬老师、关建光老师、黎冬青老师给与了大量的支持和建议，居敬泽、杜德杰、陈勇平、姜玲、胡睿、王丹艺、房瑞、刘通等同志，在开展勘察、测绘、摄影、资料搜集、检测、树种鉴定等方面做了大量工作。在此致以诚挚的感谢。

本书虽已付梓，但仍感有诸多不足之处。对于北京文物建筑本体及其预防性保护研究仍然需要长期细致认真的工作，我们将继续努力研究探索。至此再次感谢为本书出版给予帮助、支持的每一位领导、同事、朋友，感谢每一位读者，并期待大家的批评和建议。

张　涛

2020 年 8 月 11 日